LES
PAPILLONS

NAPOLÉON ROUSSEL

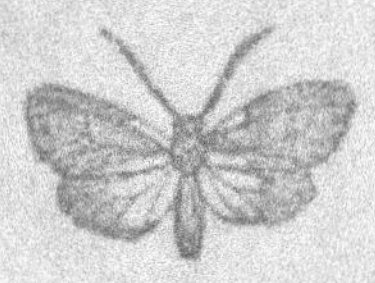

PARIS

GRASSART, LIBRAIRE ÉDITEUR

2, RUE DE LA PAIX, 2

1869

LES

PAPILLONS

Imprimerie L. Toinon et Cie, à Saint-Germain.

LES
PAPILLONS

PAR

NAPOLÉON ROUSSEL

PARIS

GRASSART, LIBRAIRE ÉDITEUR

2, RUE DE LA PAIX, 2

1869

TABLE DES MATIÈRES

— L'oiseau a-t-il reçu des ailes pour voler ?

— Non, me dit-on, mais il vole parce qu'il a des ailes.

— Notre œil est-il fait pour voir ?

— Non ; mais nous voyons parce que nous avons des yeux.

Ainsi de toutes les questions imaginables. Les uns affirment que dans cet univers des buts sont poursuivis, des intentions indiquées ; les autres ne voient partout que des faits matériels suivis de leurs conséquences physiques ; rien de plus. Selon les premiers, un être intelligent a tout créé, tout disposé en vue de tel résultat ; d'après les seconds,

ce qui existe aujourd'hui a toujours existé;
rien n'a été fait, l'univers est une chaîne
sans fin qui tourne sur elle-même; c'est ce
manége muni de godets se remplissant au
fond de la citerne, se vidant à la surface du
sol et qui, mû par le torrent intarissable
de la montagne, reçoit et rend tour à tour
l'eau indéfiniment.

— Mais qui donc alimente le torrent?

— La fonte des neiges.

— Et qui forme les neiges?

— Les nuages.

— Et les nuages?

— Les vapeurs.

— Et les vapeurs?

— Le soleil.

— Mais ce soleil, qui le réchauffe?

— Il est chaud de lui-même.

— Mais qui l'a créé?

— Personne; il a toujours été.

Voilà en résumé les réponses de ceux qui supposent la matière organisée de toute éternité et nient une cause première intelligente et sage.

Il est impossible de leur prouver par les sens ni par des déductions mathématiques qu'ils se trompent. Il faudrait pour cela connaître la nature intime des choses, connaissance qui nous échappera toujours; mais ce que ni le tact ni le calcul ne sauraient établir, la raison le proclame hautement. Nous sommes persuadés, avant d'avoir argumenté, que non-seulement toute cause a son effet, mais encore qu'il y a une cause initiale, libre, volontaire; qu'il y a des intentions finales, et quand nous, simple vulgaire, voulons essayer sur notre esprit l'effet de la doctrine matérialiste, tout notre être se soulève, une répulsion instinctive nous avertit que nous tombons dans l'absurde.

1.

Toutefois, je le reconnais, on peut s'affermir dans les deux opinions contraires. Par des raisonnements subtils, des arguments captieux, on arrive presque de bonne foi à se persuader ce qui, d'entrée, répugnerait si vivement; comme on parvient aussi par le simple bon sens et la contemplation de la nature à se convaincre que cet univers est l'œuvre d'un créateur et que tout y marche sous l'impulsion d'une volonté suprême.

C'est à rendre cette dernière vérité de plus en plus frappante aux yeux de la jeunesse que j'ai déjà consacré deux petits volumes. Nous avons tour à tour regardé dans un nid de fourmis et dans une ruche d'abeilles, et nous avons admiré l'ordre merveilleux, la sagesse profonde que révélaient ces petites colonies. Aujourd'hui, poursuivant le même but, je me propose d'étudier le papillon ; non pas en naturaliste pour en décrire les diverses parties, les ailes, les antennes, les transformations ; mais en simple observateur, pour démontrer par l'étude de leurs mœurs, de leur industrie et même de leurs formes, qu'une puissance insondable a présidé à leur création.

Je le répète, on peut s'ancrer de plus en plus profondément dans l'un comme dans l'autre de ces deux systèmes contradictoires, et par conséquent, se prémunir contre les plus fortes raisons de celui qui est conforme à la vérité. Je ne me flatte donc pas de persuader quiconque ne veut pas être persuadé. Mais j'espère du moins éclairer l'esprit et réchauffer le cœur de ceux qui, comme moi, sont assez simples pour penser que l'homme intelligent doit sortir d'une source intelligente.

PAPILLONS

Iᵉ LETTRE

NOUVEAU SUJET D'ÉTUDE, LE PAPILLON

Cher ami,

Voilà bientôt deux ans qu'a cessé notre correspondance sur les fourmis et les abeilles. Depuis lors je me suis occupé des papillons, et si ce nouveau sujet peut t'intéresser, je suis prêt à t'en écrire.

Mais comprends-moi bien, ce n'est pas une nomenclature que je viens t'enseigner; ce n'est pas une collection d'insectes fixés

par des épingles sur un liége que je viens
mettre sous tes yeux ; ce n'est pas même une
description élégante de légers et gracieux
papillons que je veuille t'exposer, t'offrir.
Non ; rien de tout cela, mais simplement
quelques idées déduites des formes, des organes et des mœurs de petits êtres qu'on ne
connaît pas assez. Au reste, je ne puis
mieux te faire comprendre mon intention
qu'en te renvoyant à mes lettres sur les
abeilles et les fourmis. Je t'offre donc de
t'écrire sur les papillons dans le même esprit.

IIe LETTRE

UN PAPILLON VAUT-IL UNE ÉTUDE?

Cher ami,

Un papillon, c'est bien peu de chose! Et puis à quoi bon? A la rigueur, en me donnant son miel une abeille peut m'intéresser; mais un insecte inutile au monde entier, vaut-il bien la peine que tu m'en écrives?

Toutefois, je t'en laisse juge. Les lettres venant de toi me feront toujours plaisir.

A toi de cœur.

UTILITÉ DES INSECTES

J'espère, cher ami, que tu ne fixes pas le prix d'un objet sur sa grosseur, ni celui de personne sur son poids. Car à ce compte un pavé vaudrait plus qu'un diamant et un âne que nous deux; ce que toute mon humilité ne saurait me faire accepter. J'ai vu une montre dans le chaton d'une bague; était-elle moins précieuse qu'un coucou de bois?

J'en conviens, la question d'utilité, de nos jours, n'est pas à dédaigner. En d'autres temps la beauté des formes et l'éclat des couleurs auraient peut-être suffi pour exciter l'admiration, mais enfin je me soumets aux exigences de l'époque et je vais te prouver que l'étude des insectes est profitable aux arts, aux sciences, à l'industrie; et si cela ne te suffit pas, j'y chercherai quelque rapport avec le télégraphe électrique et les chemins de fer...

D'abord, je puis t'assurer que cette étude m'a été fort agréable, en me faisant pénétrer plus avant dans un petit coin de l'œuvre admirable de l'univers. J'y ai vu tant de marques de sagesse, tant de diversité de moyens, des buts si clairement poursuivis et si justement atteints, qu'il me semblait voir le doigt de Dieu. Tu conviendras que si l'insecte me révèle mon Créateur, je n'aurai pas perdu mon temps à le regarder. Pourquoi n'en serait-il pas de même de toi?

Ensuite remarque que tout est lié dans ce monde; l'insecte et le brin d'herbe qui le recèle, la fleur qui le nourrit, l'astre qui le réchauffe. L'organisme d'un ver de terre bien compris nous fait progresser dans l'intelligence de son voisin; celui-ci, mieux saisi, nous initie à celle d'un être plus élevé; et de proche en proche, nous arrivons à la connaissance plus complète de notre organisation. Après tout, les étoiles se composent d'atomes, et l'atome analysé nous fait pénétrer dans la nature intime de l'astre du jour; si bien que l'étude de l'univers peut être aidée par l'étude du papillon.

Mais peut-être, seras-tu plus touché de tel autre genre d'utilité, de cette utilité matérielle, pratique, en rapport avec nos besoins et nos plaisirs de chaque jour. Ecoute donc ceci.

As-tu jamais songé à qui nous devons nos vêtements les plus beaux, les plus doux, les plus confortables, en un mot, tes vêtements

de soie, ta cravate, ton foulard, la robe bril-
lante de ta sœur, le velours de tes meubles?
Tu es redevable de tout cela à un petit insecte, au ver à soie qui pour te donner un
cocon a été immolé pour toi au lieu de vivre
pour lui comme papillon! Et qui sait si de
nouvelles études ne nous découvriront pas
un autre ver qui doublera tes récoltes et
nous donnera la soie au prix du coton?

Je ne plaiderai pas la cause de l'abeille
dont nous avons déjà tant parlé; mais du
moins permets-moi de rappeler que c'est à
cet insecte que nous devons la cire qui nous
éclaire et le miel qui nous nourrit!

Pour te citer des faits moins connus, sais-
tu bien d'où nous vient la laque qui repro-
duit si nette l'empreinte de tes armoiries et
rend tes meubles si brillants? C'est l'œuvre
d'un insecte, ton serviteur. Sais-tu qui re-
couvrait de pourpre les Pharaons et les

Césars? Un limaçon de mer, colorant leurs
splendides manteaux. Et la cochenille et la
noix de galle dont la teinture moderne fait
si grand usage, à qui sont-elles dues, sinon
à des insectes qui nous donnent le noir et
l'écarlate? Tandis que ceux-ci nous revêtent
de douce soie et nous ornent de couleurs
éclatantes, d'autres vont nous donner des
fruits; telle figue tardive, piquée par un
insecte, devient une primeur, et ce moyen
réussit si bien qu'en Grèce on transporte ces
vers sur les figuiers pour leur faire la bien-
heureuse blessure qui doit en hâter la ma-
turité. Celui-ci nous nourrit; un autre va
nous guérir : la sangsue nous débarrasse
d'un sang impur ou déplacé; le cloporte
nous donne un sirop curatif... et enfin, si
tous ces services rendus par les insectes à
l'ingrate humanité ne suffisent pas pour
gagner ton cœur aux insectes utiles, tu

prendras la peine de suivre les nuisibles pour les détruire. En effet, les vers et les chenilles ravagent parfois si complétement nos récoltes qu'il est bien permis de s'en débarrasser en tuant leurs parents, les papillons. Mais comment leur faire la guerre si l'on ne connaît pas leur gîte, leurs habitudes, leurs ruses? L'aversion comme l'amour des insectes nous pousse donc à les étudier.

Toutefois, ce n'est aucun de ces motifs que je veux présenter à ta paresse... je veux dire à ta curiosité. Non; voici ma plus forte raison. L'étude attentive de ces insectes est d'un si vif intérêt, que plus on y avance, plus on s'y sent attaché. Quel spectacle que celui d'un petit être qui, de rampante chenille, devient papillon aux ailes d'or, au vol gracieux et léger! Quelle surprise que de voir un humble ver de terre avec un brin de soie se tisser des habits, se

faire des tentes, se donner des tapis et oua-
ter ses sentiers! N'est-ce pas un tableau
oriental que celui d'une princesse langou-
reuse étendue dans son hamac mangeant
couchée, sans changer d'attitude et daignant
à peine lever la tête vers la feuille qui lui
tend ses bords? N'est-ce pas une chose cu-
rieuse qu'un insecte invisible dévorant un
de nos navires et le coulant à fond; perfo-
rant le fer avec un taraud plus résistant et
mieux aiguisé que nos scies d'acier? Mais je
veux te faire aimer l'insecte que tu hais le
plus : oui même l'horrible araignée! Ima-
gine-toi donc qu'il est telle femelle, dans
cette famille, si bonne mère que la femme
seule peut lui être comparée! Cette araignée
confectionne une coque de soie, y renferme
ses œufs et transporte partout avec elle ce
précieux fardeau. Quand les œufs sont éclos,
ses jeunes montent sur le dos de la mère, s'y

pressent les uns contre les autres et la craintive fileuse fuit au premier signe de danger menaçant ses petits. La sarrigue ferait-elle plus? Ta mère ferait-elle mieux?

Et voilà cependant les êtres qu'on dédaigne et méprise! Voilà les créatures intelligentes et affectueuses qu'on a dit n'être autre chose qu'un peu de poussière tour à tour humide et réchauffée!

Mais comme tous ces avantages ne sont peut-être pas assez profitables pour toi, je vais t'en citer d'un autre genre que tu apprécieras plus.

Que dirais-tu si mes chenilles et papillons pouvaient te procurer toute l'année, même en hiver, des œufs frais? Cependant rien n'est plus vrai. Je t'en donnerai la recette, seulement prends patience. Nous verrons chaque chose en son temps.

Quelle surprise si je t'annonçais que

cette première découverte a conduit à une seconde infiniment plus précieuse, celle de prolonger la vie d'un être cinq ou six fois sa durée ordinaire, si bien que l'insecte qui devait vivre six semaines a vécu six mois, et que celui qui devait exister un tiers d'année a vécu deux ans? Enfin ne serais-tu pas reconnaissant envers ces petites bêtes, si l'on t'apprenait que les expériences faites sur elles ont suscité le projet d'expériences analogues sur l'homme, si bien qu'un jour peut-être (je dis peut-être), nous pourrons vivre trois ou quatre siècles en bonne santé? Écoute donc, et tu verras comment le procédé qui donne des œufs à la coque nous met sur la voie de prolonger notre durée quatre ou cinq cents ans!

Tu sais que l'œuf frais est reconnaissable à ce signe que le blanc et le jaune remplissent complétement la coquille, tandis que l'œuf

punais se reconnaît au contraire au vide qui
se trouve entre l'enveloppe et son contenu.
Présente un œuf à une bougie allumée, s'il
est vide en partie il sera transparent et
mauvais. S'il est bien plein, il n'y a plus de
transparence, plus de vide, donc pas de
corruption; l'œuf est frais. Si tu veux te
rendre compte de cette différence, tu peux
te dire que la coque mal remplie permet
l'introduction de l'air qui corrompt la matière intérieure, tandis que l'œuf bien plein
n'y laisse pas pénétrer l'oxygène de l'atmos-
phère, exclusion qui lui conserve sa pureté.

Mais comment conserver à cet œuf sa plénitude? En s'opposant à l'introduction de
l'air; et comment empêcher l'air d'y pénétrer? Tout simplement en couvrant la coque
d'un vernis.

C'est précisément ce qu'on a fait, et ce
qui a parfaitement réussi. Des œufs vernis

ont été gardés des mois et même des années, et se sont trouvés *frais* au bout de ce long temps! Bien plus, bien mieux : après des mois de prison sous cette cuirasse, un œuf a été couvé et a donné un poulet! Le germe avait donc été maintenu vivant par le vernis.

Voilà les œufs frais que je t'avais promis; si tu veux en faire l'essai, tu trouveras le procédé longuement exposé dans Réaumur (1).

Des œufs de poule, passons aux chrysalides de papillon. Remarque d'abord que l'extérieur de la chrysalide, sa peau, peut à la rigueur être regardée comme une coque; c'est du moins une enveloppe dont le papillon se dépouillera comme le poulet se débarrasse

---

(1) *Mémoire pour servir à l'histoire des insectes*, par Réaumur, 6 volumes in-4°, tome II, 1ᵉʳ mémoire. C'est presque exclusivement à cet excellent ouvrage que nous devons toute la matière de ce petit livre.

de sa coquille. Si la peau de la chrysalide remplace l'enveloppe de l'œuf, afin de prolonger la vie du germe qu'elle renferme, il suffira donc de faire pour la carapace du papillon ce qu'on a fait pour celle du poulet, il suffira de la vernir.

C'est ce qu'on a fait, et le développement de l'insecte en a été sensiblement prolongé, c'est-à-dire que la durée de sa vie sous forme de chrysalide a été augmentée d'autant. Et ne crois pas que cette longévité de la chrysalide ait été prise sur l'existence du papillon. Non. Ce papillon sorti d'une chrysalide plus vieille, n'a pas moins vécu que ses frères, qui n'avaient pas été soumis à cette expérience; or, comme finalement c'est le même être qui vit sous ces deux formes de chrysalide et de papillon, il se trouve qu'en fin de compte la vie de l'insecte a bien réellement été prolongée.

Mais l'introduction de l'air dans la carapace n'est pas l'unique, ni même la principale cause qui agisse ici. Ce qui accélère la marche progressive du germe, c'est la chaleur évaporant le contenu de l'œuf, et par là mettant à l'aise le germe vivant. Tel est l'office de la couvée. Mais si la chaleur hâte le développement de l'embryon, le froid doit le retarder. Le froid produira donc ici l'effet du vernis; il retardera l'éclosion, il prolongera la vie. Place la chrysalide dans une cave glacée, son éclosion doit en être retardée et sa vie allongée d'autant.

On l'a tenté, on a réussi, et c'est alors que l'expérience a prouvé que tel papillon qui devait naître en juin 1734, n'est né qu'en juin 1735. La chrysalide a donc vécu un an de plus, et le papillon pas un jour de moins.

Que le froid, en diminuant la transpiration, prolonge l'existence, c'est ce qu'on a constaté, non-seulement sur des insectes, mais sur beaucoup d'autres êtres, sur l'homme en particulier. Ainsi, les centenaires sont plus nombreux dans le Nord que dans le Midi. Les Africains s'enduisent de graisse, d'huile et même de terre, pour se préserver de trop abondantes sueurs, et voilà comment je suis amené à te conseiller une expérience analogue : que penserais-tu de l'idée de te faire vernir de la tête aux pieds pour te conserver deux ou trois siècles dans un bocal? Seulement, je t'engage à donner à tes domestiques des ordres bien précis, quant aux époques où, pour te rappeler à la vie active, l'on devrait te dévernir. Je te conseille aussi de bien choisir ton monde, car tes héritiers au bout de trois ou quatre siècles pourraient bien t'oublier !

Dans cette espèce de léthargie, dans cette

vie en bouteille, il te resterait toujours l'a-
vantage inestimable de penser, de réfléchir,
et tu te réveillerais sage dans les âges sui-
vants.

Comme notre organisation ne peut guère
résister qu'à soixante ou quatre-vingts ans
d'activité, il te faudrait distribuer ce temps
sur différentes époques : cinq ans dans un
siècle, dix dans l'autre, et tu pourrais atteindre ainsi la fin du monde !

Toutefois, ne nous faisons pas illusion,
cette existence allongée serait une existence amincie ; on n'y vivrait qu'à demi, presque congelé, et je ne sais si cet appauvris-
sement de vie pendant dix siècles te don-
nerait plus de bonheur que soixante ans
consécutifs de force, d'intelligence et d'activité. Dans mille ans, d'ailleurs, tu risque-
rais bien de ne plus retrouver tes amis, tes
champs, ta maison ! Qui sait où tu te ré-

veillerais dans ton âge mûr ; avec quelles idées, quels sentiments ? Si déjà sur la fin de notre course actuelle, tout nous lasse, se décolore et nous fatigue, que serait-ce dans un millier d'années !

Toute réflexion faite, les choses sont bien comme elles sont ; et je t'engage à réfléchir avant de t'encroûter dans un habit séculaire de vernis.

IVe LETTRE

QUESTION

Cher ami,

Une phrase de ta dernière lettre est pour moi une énigme dont je te prie de me donner l'explication avant d'aller plus loin. Y a-t-il donc des gens qui prétendent qu'un grain de terre exposé tour à tour au soleil et à la pluie, produise un être vivant ? Enfin, que veux-tu dire en me parlant d'insectes intelligents et affectueux, sortis d'un peu de poussière humide et réchauffée ?

———

Vᵉ LETTRE

DE LA GÉNÉRATION SPONTANÉE

Cher ami,

Je comprends ton embarras ; ta surprise ne me surprend pas. En effet, pour un esprit simple et droit qui n'a jamais entendu dire que la mort produisît la vie, le premier énoncé de cette théorie doit paraître bien bizarre, et autant vaudrait peut-être n'en avoir jamais rien entendu ; mais enfin, puisque j'en ai dit un mot et que d'autres peuvent encore t'en parler, je dois expliquer ma pensée.

Il y a des gens qui pensent que tout être

vivant a pour père et pour mère des êtres vivants, leurs semblables ; et pour l'estimer ainsi, ils ont l'expérience journalière, l'expérience des siècles passés. Mais d'autres croient que les êtres vivants, sinon la totalité, du moins partie, sinon ceux d'aujourd'hui et des siècles historiques, du moins ceux qui datent de l'origine des choses, sont sortis de la matière tout organisés, munis de tête, de jambes, de sang, de vaisseaux, de cœur, de poumons, etc., que l'ensemble n'est qu'une simple agglomération accidentelle de molécules ; de telle sorte que de la mort a jailli la vie. Voilà ce qu'on appelle la génération spontanée.

Il semble qu'en de tels sujets, il faudrait s'en tenir à l'expérience et dire : ce qu'il y a de certain, c'est que dans les limites de ce que nous avons vu, tous les êtres vivants sont nés d'un autre être vivant ; que du moment que c'est là une loi bien connue de la nature, le contraire est contre nature ; qu'il ne peut pas y avoir deux procédés opposés donnant le même résultat. Mais comme il y a des gens qui affirment avoir été témoins de ces générations exceptionnelles, il sera bon de les écouter.

Avant d'entrer dans cet examen, laisse-moi te présenter une réflexion. Il faut en convenir, il est des insectes si petits, tellement imperceptibles, même à la loupe, que leur exiguïté extrême fait croire à leur insignifiance. Celui qui les voit se mouvoir lentement, sans formes distinctes, ne croit guère voir autre chose qu'un grain végétal, un atome calcaire ; cet insecte se meut comme l'herbe qui pousse sous le soleil ; comme la poussière que soulève le vent ; tout cela se ressemble ; ce n'est vraiment pas la peine d'en faire la différence ; et si

différence il y a, c'est qu'elle est survenue
d'elle-même ; cet insignifiant insecte était
hier simple matière inerte.

Voilà ce que l'esprit superficiel conclut
de la petitesse extrême de l'insecte qu'il ne
peut pas même saisir.

Mais pour le penseur, il en est autrement ; il se dit que rien n'est grand ni petit
que relativement ; il se dit que la hauteur
de stature n'a pas plus de mérite que son
exiguïté. Il se dit qu'il est tout aussi difficile
d'insuffler la vie dans une fourmi que dans
un éléphant ; au contraire, il semble moins
aisé de loger dans un espace excessivement
réduit les mêmes organes en même nombre.
Il est pour nous plus admirable que dans
cet être invisible à l'œil nu, il y ait cependant tête, corps, pattes, cœur, poumons,
entrailles, sang, veines, humeurs ; et plus
l'insecte est petit, plus tout cela est fin, dé-

licat, délié. Je pose une simple question : te crois-tu plus capable de faire un papillon qu'un hippopotame ? Je ne prétends pas que ce soit le contraire; mais j'affirme qu'un cri sort spontanément de toutes les poitrines pour dire : les deux sont également impossibles !

Maintenant, sur quels faits s'appuie la génération spontanée? En voici quelques-uns. On a dit : voyez cette chair fraîche et ce liquide limpide; ils ne contiennent rien d'étranger; mais laissez-les vieillir; l'un et l'autre vont se décomposer et vous en verrez sortir des êtres vivants. Donc, avec le temps, la viande pourrie et le vin fermenté engendrent vers et moucherons.

Voilà bien les apparences, mais voyons la réalité. Couvrez cette viande fraîche d'une gaze ou d'un globe, sans laisser aucun passage aux mouches qui viennent d'ordinaire

y déposer leurs œufs, et plus aucune vie
n'en sortira. Chauffez ce vin jusqu'à tuer les
germes imperceptibles qu'il renferme, et
plus rien n'y viendra plus éclore. Il est
donc évident que si tel insecte surgit de la
matière désorganisée, c'est que d'abord un
œuf fécondé y avait été déposé[1].

Comme acheminant à cette génération
spontanée, on a cité une autre classe de
faits ; on a montré des vers sortant de la
chrysalide qui devait donner un papillon,
et l'on a dit : vous voyez qu'un animal peut
produire un animal différent, et plus par-

NOTA. Nous savons que le débat n'est pas clos. Mais il
serait impossible de le continuer ici. S'il est d'autres
objections, il est aussi d'autres réponses. Il nous suffit
que les faits allégués ci-dessus soient vrais pour que nous
nous y tenions. Au reste, pour donner toute notre pensée,
il faudrait ajouter que la génération spontanée n'est pas
en opposition avec un créateur. Il suffit d'admettre que la
création reçut dès l'origine toutes les énergies qui s'y sont
développées depuis.

fait ; pourquoi la matière inerte, premier anneau de la chaîne, n'aurait-elle pas engendré la vie à un moindre degré ?

Oui ; mais en y regardant de plus près, on a vu que le ver était un parasite, venu se loger dans la chrysalide pour y puiser sa nourriture ; et, arrivé à terme, prendre son essor au moment où l'on attendait le papillon. Ce qu'il y a de plus admirable, c'est que ce parasite a bien soin de ne pas s'attaquer aux parties vitales de son logeur, afin que celui-ci vive aussi longtemps qu'il convient au logé !

VIe LETTRE

ACCEPTATION DE LA CORRESPONDANCE

Cher ami,

Eh bien soit, parle-moi chenilles et papillons, mais tâche d'être intéressant ; en tous
cas, ne sois pas prolixe ; fais-moi grâce de
toute cette kyrielle de noms scientifiques.
Tout cela peut être très-beau, très-savant,
mais tout cela me fatigue. Ne m'ennuie pas,
si tu veux que je te lise.

Sur ce, adieu.

GÉNÉRALITÉS

Cher ami,

Comment, le plus joli des insectes, le papillon, sort-il du plus laid, de la chenille ? Quand je dis du plus laid, je veux dire du plus dégoûtant ; et encore faut-il reconnaître que ce dégoût n'est ni raisonné ni raisonnable. Il est instinctif, c'est tout ce qu'on peut alléguer pour le justifier. J'espère qu'en lisant ce qui va suivre, tu le perdras et qu'il laissera même à sa place une véritable admiration.

Le papillon à travers la chrysalide vient

d'une chenille et la chenille à travers un
œuf vient du papillon, voilà le cercle, la
chaîne; elle a quatre anneaux au lieu de
deux. Il y a même, en quelques cas, plusieurs changements de peau; je pourrais
parler de nymphes, etc., en sorte, qu'au
lieu de quatre, ce serait alors sept ou huit
mutations; mais tenons-nous-en à l'ordinaire et disons: le papillon vient de la chrysalide, la chrysalide de la chenille, la chenille, la chenille enfin sort de l'œuf du
papillon.

Avant d'aller plus loin, expliquons-nous.
Quand je dis que le papillon sort de la chrysalide, la chrysalide de la chenille, je n'en-
tends pas affirmer qu'il y ait eu trois êtres
distincts et que chacun meure en donnant
la vie au suivant. Non; sous ces trois
formes, c'est un seul et même insecte, c'est
un être unique qui change d'habit, jusqu'à

ce qu'enfin, après avoir passé les frimas dans sa fourrure, comme nous l'hiver dans notre robe de chambre, il rejette cette enveloppe gênante à la belle saison, et s'élance muni de quatre ailes vers les cieux. Chenille, chrysalide, papillon, au fond, ne sont qu'un ; examiner ces diverses formes, c'est étudier le même animal à des âges différents. Commençons par l'enfance, la chenille.

Et d'abord, nous l'avons vu, la chenille ne naît ni d'un grain de poussière, ni d'une matière corrompue, elle sort d'un œuf organisé, d'un œuf vivant.

Elle te semble bien laide ; elle ne te présente au premier coup d'œil qu'une masse de chair molle, gluante, informe, rampante; tout au plus un doigt de gant ridé, tordu, desséché, qui salit la feuille où il passe. Mais regardons de plus près et nous allons y découvrir un être merveilleux.

Ce prétendu doigt de gant, cette masse informe de chair, a une tête bien distincte. Quand elle se dissimule, c'est par une faculté que nous n'avons pas ; cette tête rentre dans le corps comme la nôtre, et même mieux que la nôtre dans nos épaules ; ne nous moquons donc pas trop de ce que nous ne saurions pas faire aussi bien que la chenille. Que de coups dangereux, que d'impressions de honte nous éviterions, si nous pouvions cacher notre chef complétement ! Mais ce n'est pas de nous, c'est de la chenille qu'il s'agit.

Cette tête est préservée des chocs funestes, non-seulement par le retrait qui lui est possible, mais encore par un casque qui l'enveloppe ; ou si tu veux, je dirai : sa peau est un casque écailleux. Nos cuirassiers ne sont pas mieux garantis contre les coups de l'ennemi.

Cette tête n'a pas deux yeux, mais six de chaque côté, rangés en cercle ; le petit animal est donc plus clairvoyant que nous, ou du moins sa vue s'épand mieux que la nôtre de tous côtés.

De ses deux lèvres, l'inférieure est fendue de telle sorte que l'insecte, en se mettant à cheval sur le bord d'une feuille, maintient sa tartine dans cette rainure et la savoure plus vite que si son pain vacillait sous sa dent. Il mange si vite et si bien qu'en pesant l'animal à jeun le matin, et la feuille rongée le soir, on arrive à constater que cette chenille a englouti, en un jour, le poids de son corps, et telle autre le double et plus ! Cette dernière se nourrit de chou ; elle est donc plus gloutonne que gourmande.

Mais à ce dernier égard, ne faut-il rien affirmer, car le chou est précisément ce qu'elle préfère, comme telle autre se délecte avec des feuilles de rose. On a dit que chaque plante avait son genre de chenille. C'est aller trop loin, mais on peut affirmer que si chaque arbre n'a pas sa chenille, du moins chaque famille a son arbuste de prédilection ; que si parfois, telle chenille peut se contenter d'une nourriture exceptionnelle, cependant, toutes sont loin de s'accommoder de toutes feuilles. La plupart mourraient de faim à côté d'une feuille dont telle autre serait friande.

C'est fort heureux pour les chenilles, car si toutes ne voulaient que ce légume ou cette fleur, elles manqueraient bientôt de nourriture, et il est douteux que nos jardiniers voulussent multiplier les choux et les roses pour leur en fournir assez. Ce qui est vrai des chenilles, est vrai de l'homme ; il est fort à propos pour nous que nous n'ayons pas tous les mêmes goûts ; car tous nous voudrions manger le même fruit qui ne croît pas partout ; tous nous voudrions habiter la même contrée où l'espace manquerait. Il est fort heureux que notre humeur, notre constitution, notre santé réclament des climats opposés pour nous disperser sur la surface de la terre. Celui qui a mis en nous des besoins différents, a disposé sur chaque coin du globe leurs satisfactions. A cet égard, il semble avoir plus fait pour la chenille que pour nous. Pour l'homme, le Créateur a approprié les lieux ; pour la chenille, il a encore choisi les temps. Ainsi la température qui fait éclore l'œuf pondu sur tel arbre, est précisément celle qui fait sortir la feuille qui nourrit le nouveau-né. Ce qu'il y a de plus admirable, c'est que la mère a eu la sagesse de placer son œuf exactement sur l'arbre qui convient à son

petit, bien qu'elle-même, papillon, ne pût
pas s'en accommoder.

Mais j'en reviens à ma chenille, ou plutôt à sa tête et même à sa lèvre inférieure.
Au-dessous, se trouve un petit mamelon,
dont le bout percé donne passage à un liquide gommeux. Ce liquide, en sortant, se
dessèche sans se rompre ; il devient un fil
léger, souple comme la laine et le chanvre
qui s'allongeaient à la quenouille de nos
grand'mères.

Ce brin précieux ne sort qu'à la volonté
de l'insecte. La chenille file seulement
quand elle a besoin d'étoffe ; elle porte en
elle un véritable magasin de matière première ; elle a comme nous sa filature :
pattes, bouches, dents lui servent de métier
à tisser ; si bien que toutes les ressources
de notre industrie moderne sont à sa disposition depuis l'origine du monde. Elle

sème, recueille, file, tisse, taille, coud et se trouve finalement dans un vêtement de soie ! Bien mieux, elle renouvelle ce vêtement quand il a vieilli. Mais nous reviendrons sur ce sujet ; pour le moment, notons cette filière.

Après la tête, viennent douze anneaux qui constituent le corps. Ces anneaux s'articulent l'un à l'autre, avec tant de souplesse, que l'insecte peut à volonté se mettre en forme de croissant, et même en rond parfait ; ce qui n'empêche pas tel autre de se roidir comme un bâton ; tel autre, de s'appuyer sur sa queue et de redresser sa tête altière ! Tu verras plus tard que cette souplesse n'était pas inutile à ce petit être qui, sans changer de place, doit doubler des feuilles, construire un nid, atteindre des aliments éloignés. Plus on étudie la nature, plus il devient évident que tout a son

but, sa fin, et si quelque chose nous paraît
encore étrange, c'est parce que nous ne le
comprenons pas bien.

Ce corps long et souple est porté par
huit, dix, douze, quatorze ou même seize
pattes. De ces pattes plus ou moins nombreuses, six sont près de la tête, et ce qui te
surprendra, c'est qu'elles sont bottées ou si
tu veux, gantées. Elles sont, en effet, revê-
tues d'une enveloppe écailleuse qui les
rend plus solides et plus propres à certains
travaux ; comme dans nos membres anté-
rieurs, les doigts de nos mains sont plus
adroits que nos doigts de pieds.

Mais les pattes de derrière ont leurs pri-
viléges ; elles s'allongent et se raccourcis-
sent à volonté. Tout cela peut bien nous
déplaire, à nous hommes, chez un insecte ;
mais avoue que si nous étions chenille, ce
ne serait pas à dédaigner, et qu'avoir seize

membres, des membres gantés, des pieds de rechange, cela ne laisse pas que d'être commode et précieux.

Je l'ai dit, bien que capable d'engloutir en un jour, le double du poids de sa personne, la chenille ne peut être accusée ni de gourmandise, ni de gloutonnerie. Il faudrait plutôt la louer pour sa prévoyance, si cette louange ne devait pas remonter vers son auteur. En effet, cette abondance de nourriture, prise en si peu de temps, résulte d'un appétit nécessité par la transformation qui va s'accomplir; cette chenille doit devenir chrysalide et elle restera un, deux, quatre, six et jusqu'à dix mois dans cet état sans rien manger ! Il lui faut donc absorber en quelques repas, assez de nourriture pour sa vie entière !

La chenille dépose donc sa peau et devient chrysalide. Une liqueur visqueuse sort du

corps de l'insecte, l'enveloppe de toutes
parts, se fortifie, se durcit et forme un nouvel habit pour remplacer la peau, la robe
déposée. Je dois le répéter, ni cette robe de
la chenille, ni cet habit de la chrysalide ne
sont distincts de leur personne ; ce sont bien
des parties de leur être ; mais enfin ces parties extérieures vieillies se détachent si
complétement au moment de la mue qu'on
peut dire que l'insecte change de vêtement,
ou si tu veux, sort d'un étui.

Ce dernier mot est surtout applicable à la
dernière transformation, celle de la chrysalide en papillon. Il semble d'abord que
l'enveloppe de la chrysalide soit informe,
tandis que c'est un costume des plus
complets : manches pour les bras, manches
pour les jambes, fourreau pour chaque corne,
étui pour la trompe, casque pour la tête,
tout s'y trouve ; il n'est pas jusqu'aux ailes

qui ne soient bien exactement repliées et qui
ne s'étendent, s'affermissent en sortant de
leur case particulière; si bien que la peau
déposée porte manches, fourreaux, étuis et
casier, l'exacte reproduction en creux du papillon qui s'en est retiré.

Te représentes-tu bien la délicatesse du
fourreau qui devait contenir la trompe d'un
papillon? la ténuité des étuis où se trou-
vaient ses antennes? et les jambes et les ailes,
tout cela clos à part, tout cela logé juste,
sans blessure et sans perte d'espace? Oh!
quelle merveille de délicatesse, quel fini,
quelle perfection!

Et tout cela pour donner des ailes à un
papillon qui vivra vingt-quatre heures, au
plus deux jours! — Un an de développement
embryonnaire pour deux jours de vie! quel
mystère! Cette disproportion donne à penser
que l'état de chrysalide est une vie com-

plète et que sous la forme de papillon l'insecte ne fait que s'acheminer vers la mort en transmettant l'existence.

Mais si le tout de l'insecte est ainsi dans la chrysalide, n'est-ce pas une bien triste loi? Je pourrais répondre : le polype, fixé au fond des mers, sur un rameau de corail, n'ayant de mouvement que sur un millimètre de circonférence, n'a-t-il pas aussi une part bien misérable? S'il nous fallait nier que la plénitude de vie fût dans la chrysalide, il nous faudrait aussi la refuser à des milliers d'autres créatures qui ne sont pas mieux partagées.

Mais pourquoi tant de frais d'organisation, de temps, de nourriture, pour donner cet insecte à l'univers? Je n'en sais rien; toutefois remarque que le temps ne coûte rien à celui qui dispose de l'éternité; l'espace n'est pas plus difficile à comprendre infini que limité; et cette prodigalité de puissance pour l'organisation d'un chétif insecte ne démontre que mieux qu'elle ne coûte rien au Créateur. Il me suffit que le papillon trouve son rôle assigné dans l'œuvre générale, quelque petit que soit ce rôle, pour que je ne m'étonne plus de rien. Ma surprise ne viendrait que des limites que je mettrais à la sagesse de Dieu.

VIIIᵉ LETTRE

Cher ami,

Nous avons vu que le même insecte devient successivement chenille, chrysalide et papillon. Comment s'opèrent ces changements? C'est ce que je vais t'exposer. Parlons d'abord du passage de la chenille à la chrysalide. L'opération qu'il s'agit d'exécuter se réduit à déposer sa peau; car sous cette enveloppe de chenille, la chrysalide est toute faite. Or, pour quitter cette peau, voici comment la chenille s'y prend. Elle commence par choisir une branche, une feuille d'arbre

plus ou moins élevée, n'importe, mais qui
ne touche pas le sol. Sur la face inférieure
de cette branche ou de cette feuille, la chenille étend la soie gluante qu'elle tire de sa
filière, et elle la double plusieurs fois sur
un petit espace, comme le fait une ravau-
deuse de sa laine en raccommodant des bas;
avec cette différence que, tandis que la
femme ne met qu'un seul fil à côté d'un
autre fil, l'insecte en place plusieurs cou-
ches les unes sur les autres jusqu'à ce que
le tout forme un bourrelet, un monticule;
ou, si tu veux, un petit coussinet. Ce travail
accompli, la chenille enfonce ses pattes cro-
chues de derrière entre les fils soyeux de ce
petit matelas jusqu'à ce qu'elles s'y trouvent
prises, fixées. Ainsi ces fils sont un point de
suspension auquel s'accrochent les jambes
de derrière, et quand celles-ci s'y trouvent
solidement engagées, la chenille laisse

tomber sa tête, son corps ; et se trouve suspendue par son bout inférieur comme un
saucisson au plancher dans la boutique
d'un charcutier ; ou, si tu veux, comme le
sauteur de corde accroché par les pieds au
trapèze placé dans les airs.

Cette dernière comparaison m'aidera à te
faire comprendre la suite de l'opération.
Ainsi suspendu, le danseur de corde, par
exemple le fameux Léotard, ramène sa tête
en avant, ploie ses reins, comme s'il voulait
relever par un cercle sa tête vers ses pieds.
C'est précisément ce que fait la chenille
dans cette position ; elle se tord en arron-
dissant l'échine, relève sa tête en faisant
effort et répète ce mouvement plusieurs
fois. Mais pourquoi? L'histoire du danseur
va nous instruire. Un jour je vis un sauteur
si gros dans un vêtement si étroit qu'en vou-
lant arquer son corps il fit éclater l'étoffe, et

son gilet se fendit sur le dos. C'est précisément à quoi travaille la chenille, et c'est
aussi ce qui lui arrive. Son gilet, son vêtement, c'est-à-dire, sa peau, se fend sur
l'échine et la chrysalide qui est à l'intérieur
se laisse apercevoir sur ce point. Cette manœuvre se renouvelle ; la déchirure s'aug-
mente et la chrysalide prisonnière se retire
un peu plus de l'enveloppe, jusqu'à ce
qu'enfin son corps s'en détache tout entier ;
arrive un moment où le fourreau vide et l'insecte qui en sort n'ont plus qu'un seul point
commun, le point de suspension. Comment
compléter ici la séparation ? Si la chrysalide
lâche la branche d'arbre, elle se sépare bien
de la peau ; mais elle-même tombe fraîche-
ment éclose sur le sol et se tue. Comment
donc s'y prendre ? Notre danseur de corde est
suspendu par les pieds ; il veut quitter ses
bas, et il n'a de libres ni bras ni mains !

Bien mieux ou bien pire, il ne possède qu'une seule jambe ! Lâchera-t-il le trapèze pour retirer son bas ? Impossible sans tomber et s'assommer ! Encore une fois comment faire ? La chenille va nous l'apprendre.

Tu sais que son corps se compose d'anneaux articulés ; à chacune de ces articulations se trouve donc un pli qui, en s'ouvrant et se fermant, devient un moyen de préhension. De ce pli, la chenille se fait une main et saisit sa vieille peau ; elle se crée ainsi un second appui. Suspendue par deux points à la fois, elle peut abandonner le premier. Elle dégage donc sa queue et s'avance en rampant pour s'accrocher plus loin à la feuille ou à la branche d'arbre. Dès lors elle peut lâcher sa dépouille tenue dans le pli des anneaux sans risque de tomber. C'est la manœuvre de gymnastique où notre pied laisse un échelon quand notre main en a saisi un plus élevé. Voilà donc un nouvel être qui, sans le secours ni de dent, ni de bras, ni de main, se trouve débarrassé de sa vieille fourrure.

Oh! si nous pouvions faire aussi peau neuve! Si nous pouvions laisser là notre vieux cuir jaune, ridé, usé! Si nous pouvions dépouiller ainsi nos fatigues, nos maladies, même nos mauvais goûts et nos mauvaises pensées, combien de gens en seraient contents et combien en seraient vexés! car s'il est rare d'entendre dire : « Je tiens à mon âme, » il est très-ordinaire d'ouïr ces mots : « Je tiens à ma peau. » Bon gré, mal gré, il faudra pourtant bien la quitter un jour! Nouvelles chrysalides, que deviendrons-nous? Il vaut la peine d'y penser.

Mais je reviens à mon insecte. Il est curieux de comparer la peau laissée et l'être renouvelé qui vient d'en sortir. Le nouvel être a tous les organes de l'ancien. Tête, queue, pattes, jusqu'aux ongles même, il a tout, deux choses exceptées : la filière et les dents. Et pourquoi? Par la raison bien simple que l'animal ne doit plus ni filer ni manger. Serait-ce par hasard que l'insecte conserve tout ce dont il aura besoin et par hasard qu'il dépose ce qui lui serait désormais inutile? La sagesse du Créateur se voit ici des deux côtés du tissu, à l'endroit et à l'envers.

Je viens de dire que ni la chrysalide ni le papillon ne filent ni ne mangent. Cela est exact. Toutefois, je dois mentionner une exception qui n'affaiblit en rien ce que je viens d'avancer. Il est des papillons qui, sans ronger des feuilles, sucent cependant le suc des fleurs ; mais pour prendre cette nourriture ils se servent de leur trompe ; ils n'ont pas besoin de dents. Pour eux aussi c'est donc avec raison qu'elles sont tombées avec la vieille peau. Toujours et partout harmonie, sagesse, proportion entre le but et les moyens. Rien ne manque; rien n'est superflu, ce qui serait une autre manière de faillir à l'ordre universel, signe visible de Dieu.

Cette suspension par les pattes postérieures n'est pas une posture unique prise par toutes les chenilles pour déposer leur peau; car d'autres s'étendent le long d'une branche ou d'une feuille comme dans une couche, avec cette différence qu'elles se placent non dessus mais dessous ce lit. D'autres se mettent dans une position qui n'est ni perpendiculaire, ni verticale, mais inclinée. Est-ce fantaisie, caprice, hasard? Non, c'est nécessité, comme tu vas le voir. Je t'ai déjà fait remarquer que la chenille suspendue par un

bout avait besoin d'un second point d'appui
pour achever de quitter sa dépouille. C'est
précisément pour se créer ce second point
d'attache que ces chenilles étendent leur
corps dans toute sa longueur contre la
branche ou la feuille. Ainsi appliquées, elles
s'attachent sur deux points : d'abord elles
se cramponnent comme les autres en enfon-
çant les crochets de derrière dans le coussinet de fils soyeux ; et puis, elles se fabri-
quent une ceinture qui les lie par le milieu
du corps à la branche ou à la feuille d'arbre.
Sans doute, tu as vu dans nos rues des fer-
blantiers poser des tuyaux contre les mai-
sons ; tu as remarqué que, pour se garder
les mains libres en montant à la corde
nouée, ces hommes s'accrochent par les
pieds et par la taille aux nœuds qui se trouvent à leur portée ; ils sont donc soutenus et
par des crochets aux pieds et par une cein-

ture au milieu du corps. C'est exactement les deux supports de la chenille.

Tu devines sans doute comment se forme la ceinture, elle est filée par la chenille qui la compose d'une cinquantaine de brins formés eux-mêmes par un mouvement de va-et-vient de sa filière. Et remarque que ce n'est pas pour elle, chenille, qu'elle se crée cette ceinture ; elle a quatorze ou seize pattes à crochets pour se soutenir ; elle n'a donc que faire de ce point de suspension. Mais la chenille tisse ce support pour la chrysalide qui n'aura pas de filière ; elle pense à son héritière ou plutôt elle pense à elle-même sous sa nouvelle forme ; elle sait donc qu'elle deviendra autre, ou si elle l'ignore, son Créateur l'a prévu, et a préparé la ceinture pour cette prévision.

IXᵉ LETTRE

Cher ami,

Le Créateur atteint le même but par des voies si variées qu'il semble, en vérité, avoir voulu déployer toutes ses ressources à nos yeux pour en faire admirer la diversité. Pour m'en tenir à mon sujet, combien n'y a-t-il pas pour la chenille de moyens de se nourrir et de s'abriter ? Tantôt la mère prépare des aliments, avant leur naissance, à des petits qu'elle ne verra jamais, si bien que, sans changer de place, en éclosant, le ver trouve la table mise ; tantôt le nouveau-né se met de suite à la recherche de sa nourriture. Celui-ci se développe en plein air, celui-là dans le sol ; l'un fait une coque, l'autre une tente pour son habitation ; un troisième ne fait rien. Mais voici le plus habile de tous, selon l'expression vulgaire, il fait d'une pierre deux coups, une seule œuvre lui donne le gîte et le couvert ; il construit et mange sa maison ; il fait mieux encore, il ne mange que les parties devenues superflues, celles qui lui ont servi d'échafaudage et qui l'embarrasseraient s'il les conservait. Pour comprendre tout cela, donne-moi quelques minutes d'attention.

Comme tout le monde, cette chenille veut se loger et se nourrir ; pour parvenir à ces deux fins, elle choisit une feuille de chêne, par exemple. Voilà sa maison et voilà sa nourriture. Mais jusqu'ici la maison est

plane ; on y est exposé au froid, au vent et
aux oiseaux qui peuvent vous manger. Il
faudra donc rouler le végétal et se tenir à
l'intérieur, comme dans un étui. Mais comment rouler une feuille de chêne quand on
est faible chenille, sans main et sans doigts?
Le voici. L'insecte parcourt les bords de
son futur domicile jusqu'à ce qu'il découvre
un point légèrement recourbé. A ce bord
relevé, il attache le bout de son fil dont il
ira fixer l'autre bout vers la nervure cen-
trale, et ce lien tiendra la feuille repliée.
Mais ce premier fil est très-ténu, la chenille le
fortifiera d'un second, d'un troisième, jusqu'à ce qu'elle ait un câble de cinquante
brins réunis. Ainsi le bord de la feuille
se maintient redressé. Cela ne suffit pas,
Pour ramener ce bord plus près du milieu, il faudrait encore le tirer. Mais comment le faible insecte aurait-il la force

d'amener un objet dix fois plus grand que lui? Impossible! Et toutefois il le fera. Il attache au même bord une seconde corde qu'il conduit encore vers le centre, avec cette différence que ce nouveau lien croise un peu le premier. Pour le poser, la chenille devra donc passer sur le câble déjà tendu; le poids de son corps fera plier le premier fil, le bord de la feuille se rapprochera et la chenille en profitera pour filer le second brin *plus court* et pour contraindre ainsi la feuille à s'enrouler encore plus.

Pour comprendre ce que je viens de dire, représente-toi un homme façonnant un arc propre à lancer des flèches. D'abord, il lie sa corde aux deux extrémités du croissant, et s'il veut le plier davantage, il appuie son genou sur la corde tendue, alors les deux bouts se rapprochent, et l'homme saisit cet instant pour attacher un lien plus court et se faire ainsi un arc plus courbé.

Revenons à la feuille au bord relevé, puis un peu contourné ; que restera-t-il à faire pour la rouler complétement ? Il suffit de recommencer la même opération. A la seconde corde qui rapproche le bord de la feuille de son centre, il faut en substituer d'autres de plus en plus courtes, jusqu'à ce qu'on obtienne un cylindre complet. Voilà la maison. Mais où donc est la nourriture ? La voici. Après avoir obligé la feuille à faire un premier tour, l'insecte la contraint à en faire un second, un troisième, jusqu'à ce qu'il obtienne un tube formé de trois plis ; alors l'insecte vient se placer au centre pour y être nourri dès deux premiers doubles et logé dans le dernier. As-tu jamais confectionné une cigarrette ? Le tabac, voilà la chenille ; le papier trois fois roulé sur lui-même, voilà la feuille de chêne, avec cette différence qu'ici le tabac est vivant et mange les plis intérieurs au fur et à mesure de ses besoins ; plus il absorbe, plus son logis s'étend, ce qui est fort heureux, car l'insecte s'engraisse et une demeure plus vaste lui devient nécessaire ; il l'agrandit en diminuant ses provisions. Tout avait donc été prévu.

Ce travail de la chenille est un peu plus compliqué que je ne viens de l'exposer. Par exemple, pour plier la feuille aisément, l'insecte a la précaution de ronger, çà et là, les plus fortes nervures et de les amincir sur le point précis où commence le nouveau tour. Mais je ne puis descendre plus avant dans les détails, crainte d'être obscur et peut-être fatigant. Toutefois, il est bon de te dire à cette occasion, qu'il n'y a point d'étude facile, et qu'en tout il faut prendre de la peine pour avoir quelque plaisir.

Tu me permettras donc d'ajouter qu'une

chenille ne saurait se contenter d'une feuille
de chêne pour nourriture de sa vie entière.
Aussi, quand ce premier rouleau est dé-
voré, en construit-elle un second, un troisième, autant qu'il lui en faut pour se transformer en chrysalide ? Ces rouleaux, ou
plutôt ces étuis sont de plus en plus spa-
cieux, c'est-à-dire qu'ils sont proportionnés
à la chenille qui grossit ; et, chose remar-
quable ! cette chenille, de plus en plus forte,
fabrique des liens de plus en plus faibles !
Est-ce sans motif ? Au contraire, c'est encore une nouvelle harmonie, une nouvelle
proportion : la même feuille étant roulée
sur un diamètre plus grand, oppose moins
de résistance à l'ouvrière ; des liens plus
faibles suffisent donc à la tenir moins contournée. Ainsi en est-il de l'arc : plus son
cercle est large, moins l'effort est grand
pour le tenir arqué.

Il ne suffit pas que l'habitation soit en rapport avec le volume du personnage; il faut encore qu'elle le soit avec ses besoins. Aussi, quand la chenille deviendra chrysalide et que sa peau plus délicate redoutera le contact de la feuille rugueuse, l'insecte aura-t-il soin de tapisser sa chambre d'une tenture de soie fine et légère. Que de soins pour un insecte ! Si l'insecte pouvait parler, il dirait : Que de bonté !

Enfin, pour compléter l'histoire de la *rouleuse*, ajoutons que cette chenille a mis encore prévoyance et mesure jusque dans les dimensions dernières données à l'ouverture qui termine son étui ; ce passage est si étroit, que la chrysalide complétement développée ne peut le traverser et cependant, elle se présente à cette ouverture étranglée ! Est-elle folle aujourd'hui, ou bien l'était-elle quand elle l'a construite ?

Non. Sage jadis et à présent. La chrysalide
tente de sortir, elle fait effort, sa peau s'engage dans l'étroite ouverture, s'y accroche,
s'y fixe et ne peut plus avancer ni reculer.
C'est ce que voulait jadis la chenille ; c'est
ce que veut maintenant la chrysalide ; car
la peau, bien accrochée, laisse passer dé-
pouillé, svelte, ailé, l'insecte qui sort de sa
prison. Nous avions d'abord une chenille
rampante, ensuite une chrysalide informe,
maintenant un joli papillon ! N'a-t-il pas
bien fait de dépouiller sa vieille robe ? Sans
doute, et la porte, trop étroite, lui a servi
de femme de chambre pour la déposer.

Xe LETTRE

Cher ami,

La suspension par les pieds et l'inclusion dans un rouleau de feuilles ne sont pas les seules ressources de la chenille pour accomplir sa métamorphose. Loin de là. Le Créateur semble s'être attaché, ici comme ailleurs, à varier les expédients pour atteindre un même but. A côté de ces chenilles suspendues par les pattes, s'en trouvent d'autres liées par des fils doubles, triples, parallèles ou croisés, pour soutenir l'insecte dans l'espace, dans une position horizontale ou inclinée, ce qui rappelle le hamac du marin.

Mais ce n'est pas d'un simple fil plus ou moins multiplié que se contente d'ordinaire la chenille pour attendre sa transformation ; le plus souvent, c'est une coque qu'il lui faut. Ici encore nous allons voir la plus étonnante variété. La coque sera tour à tour une enveloppe complète et compacte ; un filet léger et à jour ; tantôt formée de soie, tantôt close de feuilles ; parfois enfoncée sous terre, parfois faite de mousse ; ici tissue d'écorce, là bâtie de pierres, oui de pierres ; et, comme par contraste, même de papier ! Mais reprenons chacune de ces habitations.

Nous avons déjà vu la chenille rouler une feuille en cylindre et y trouver à la fois nourriture et logement ; d'autres pour se couvrir emploient la même étoffe et s'y prennent autrement ; ce n'est plus une feuille, mais plusieurs qu'il leur faut pour former leur maison; elles ne les roulent plus en tuyau; elles se contentent de les rapprocher, courber et unir par quelques fils de soie. Telle découpe un petit rond de feuille, l'applique sur une autre feuille et se place elle-même entre les deux. Telle autre se forme un tronçon de colonne creuse, le redresse, le pose sur un bout et se tient à l'intérieur. Oh! si nous avions la patience et le courage de suivre attentivement l'exposé de toutes ces méthodes de constructions! Mais, je l'avoue, notre paresse me fait peur, et je n'ose donner les détails qui peut-être feraient tomber le livre des mains. Cependant, essayons de décrire la dernière construction dont je viens de parler.

Voici une feuille large, plate, tandis qu'il faut à la chenille une habitation creuse, cylindrique et redressée. Comment s'y pren-

dre ? D'abord, l'insecte, de ses dents tran-
chantes, coupe sur le végétal une bande
comme le chaudronnier de ses cisailles en
couperait une sur le zinc ou le fer-blanc.
Mais cette bande reste unie à la feuille
d'un côté. Détachée des trois autres, elle
sera roulée par l'ouvrière selon les procédés
que nous avons admirés chez les *rouleuses*,
et voici déjà un cylindre couché. Comment
le redresser ? N'as-tu jamais vu des maçons
ou des charpentiers mettre une colonne sur
sa base ou une poutre sur son pied ? Un bout
de la colonne ou de la poutre reste sur le
sol ; à l'autre extrémité, on attache des cor-
des, et les ouvriers convenablement placés
tirent ces câbles avec effort, avec ensemble,
jusqu'à ce qu'enfin le fût de bois ou de
pierre se trouve dressé. Eh bien, voilà ce
que fait la chenille. Seule, elle accomplit
l'œuvre de tous ces manœuvres. Ses câbles

sont les fils issus de son corps, attachés par un bout au cylindre et par l'autre à tout autre point. La force de traction de l'insecte et le poids de son corps amènent le cordage, le tube se relève lentement et se trouve debout. Le voilà sur sa base, clos par le bas, ouvert par le haut. La maison est construite, il n'y manque qu'un toit; et ce n'est pas défaut d'industrie, car telle autre chenille dont la maison a la forme de nos dés à coudre, découpe un rond sur une feuille, en fait une toiture qu'elle soude au sommet de son habitation, et qui, comme le couvercle de nos cafetières, s'ouvre et se ferme à volonté.

Les coques pour nous les plus intéressantes sont celles formées de soie, car nous en tirons nos plus beaux vêtements. Oui, des chenilles, voilà les premiers artisans de nos magnifiques soieries. Le ver à soie, voilà

le premier tisserand de nos vêtements les
plus somptueux.

J'ai dit tisserand ; le terme est mal choisi,
le ver à soie ne tisse pas ; les fils de ses cocons ne sont pas entrelacés, comme ceux
des étoffes de nos métiers à la Jacquart. Si
tel était le cas, nous ne pourrions pas les
dérouler. Dérouler n'est pas non plus la
juste expression ; le brin de soie ne s'en-
roule pas autour de la coque, comme nos fils
sur une bobine. S'il devait en être ainsi,
cette coque aurait la même épaisseur sur
tous les points ; c'est ce qui ne convien-
drait pas toujours à son habitant. La chenille veut fortifier sa demeure à droite ou à
gauche, selon l'état des lieux, les points de
suspension qui varient à l'infini. Aussi, son
procédé est-il tout autre que nous n'aurions
imaginé. Au lieu de dévider son fil circulai-
rement, elle le pose en zigzag, en chemin

sinueux, en lacets ; mais les traits de ce zigzag ou de ce lacet sont tellement rapprochés qu'ils se touchent et ainsi juxtaposés forment une étoffe non tissée. Cette toile sphérique est faible ; mais l'ouvrière la double, la triple, en superposant le même travail jusqu'à six fois, pour lui donner plus de consistance. Ainsi posé, le brin de soie est facile à tirer ; la gomme qui le fixe cède facilement, surtout dans l'eau chaude, et l'on peut sans le rompre lui donner une étendue de plus de trois cents mètres ; trois de ces fils font donc un kilomètre, et douze cocons donnent une lieue de longueur !

Serait-il téméraire de supposer qu'un tel résultat ait été prévu et voulu par le Créateur ; et, sans accuser le bon Dieu d'être complice de notre luxe, ne pourrions-nous pas le reconnaître pour le donateur intentionnel d'un tissu doux, solide et chaud, dont s'habille, y compris la Chine, plus d'un tiers du genre humain ? Et combien de progrès ne reste-t-il pas à faire ! Tous les genres de cocons susceptibles d'être utilisés l'ont-ils été ? Toutes les feuilles propres à servir de nourriture aux vers à soie leur ont-elles été offertes ? Il est permis d'en douter. En attendant qu'on le fasse, retournons à nos cocons.

Toutes les coques ne sont pas de soie pure ; il en est où le poil vient se mêler. Est-ce économie de la soie ? Est-ce préférence pour le poil ? Je ne sais. Mais les deux suppositions me paraissent également fondées. La chenille qui mêle le poil à la soie, le fait sans doute parce que ce mélange favorise l'éclosion ; et si la soie est moins abondante chez elle que chez d'autres, c'est que le poil devait y suppléer. Le Créateur, assez bon pour donner le nécessaire, est en-

core assez habile pour éviter le double em-
ploi.

Mais où l'insecte prendra-t-il le poil qui
doit entrer dans la confection de sa coque?
Tout simplement sur son dos, comme le
lapin le prend sous son ventre pour réchauffer ses petits. La chenille se *rase* avec les
dents, et de sa barbe coupée consolide sa
maison. D'autres obtiennent le même résultat par un tout autre procédé. Leur coque
est à jour comme le réseau d'un tulle ou
d'un filet; la chenille, logée à l'intérieur,
s'appuie contre ces parois trouées, marche
à reculons, et engage ainsi ses poils dans
les mailles de la coque. Les poils traversent
le tissu et se montrent à l'extérieur. L'ouvrière s'agite, avance, recule, se tord, jusqu'à ce que le poil, détaché de son corps,
reste engagé dans le cocon. Voilà donc la
coque garnie de piquants comme un héris-

son, à l'intérieur comme au dehors. Mais le travail n'est pas terminé, il reste à la chenille à se frotter contre tous ces brins au dedans ; à les coucher sur les parois et à les y fixer par quelques liens soyeux. Cette double opération se continue jusqu'à ce que l'appartement soit complétement verni. Nos salons ne sont pas mieux tapissés.

Mais voici un fait surprenant : il est des chenilles qui se construisent des coques plus courtes que leur corps et qui trouvent le moyen de s'y loger. Pour cela, l'insecte se recoquille sur lui-même, resserre ses anneaux, se ploie en deux ou se met en forme d'S, la tête et la queue recourbées en sens inverses. Quand elles occupent ainsi le moins d'espace possible, elles se mettent à filer et font une coque plus courte et plus large que leur corps ; on comprend alors à quoi lui sert sa position contournée : la tête peut

se mouvoir à l'aise et porter sa filière sur
tous les points, tandis que la chenille allongée se serait fait un *juste-au-corps* qui ne
lui aurait pas permis de se retourner pour
travailler du haut en bas et clore son cocon
sans en sortir. Or, sortir de l'étui pour le
fermer, c'eût été se mettre hors de la maison et tirer la porte sur soi. La coque eût
été faite, mais la chenille n'eût pas été logée.

Je dois abréger. On a vu des chenilles
former leur coque de petites pierres tendres
qu'elles-mêmes avaient détachées d'un bloc.
On en a vu d'autres doubler leur tissu
soyeux avec de la mousse. Les mottes en
étaient coupées si carrément et si bien jux-
taposées que le travail accompli par l'insecte n'était pas moins parfait que l'œuvre
primitive de la nature. La coque était par-
quetée de carreaux de mousse exactement

joints. N'as-tu jamais vu un jardinier couper dans une prairie des carrés de terre couverts de gazon, les transporter ailleurs et là créer une pelouse? Il semble que ce soit un tapis enlevé tout d'une pièce et déplacé dans la chambre voisine. Telle est l'industrie d'un insecte non moins habile qu'un jardinier.

J'ai dit qu'une chenille s'était servie de papier; je dois ajouter qu'elle était dans un vase fermé et qu'elle n'avait pas d'autres matériaux à sa disposition. Ce petit incident fait briller l'intelligence de l'insecte qui brise avec l'instinct et réfléchit pour se mettre à la hauteur des nécessités.

Enfin, une dernière étoffe dont certaines chenilles font leur coque, c'est la terre. Elles la travaillent de diverses manières : les unes en pétrissent des grains et les relient avec des fils; d'autres se font dans le sol une niche plus ou moins profonde et la tapissent de soie. Mais il serait trop long de suivre toutes ces industries, et je termine par un fait exceptionnel, car la volonté de l'homme y est intervenue.

Un observateur voulut se rendre compte des procédés de la chenille confectionnant une coque en terre. Ce n'était pas facile. Voici toutefois ce qu'il imagina. Il prit un de ces ouvrages nouvellement terminé et l'arracha violemment du sol sur lequel il était posé. Il en résulta une déchirure, la coque était trouée. La voir réparer, c'était voir travailler l'ouvrière, et c'est ce dont nous allons être témoins. D'abord l'insecte sortant de sa demeure alla ramasser grain à grain la terre réparatrice. Quand le morceau en fut suffisant, le maçon prit ses blocs les mieux taillés, c'est-à-dire, les mieux adaptés aux bords de la déchirure et les y encastra immédiatement. Lorsqu'au contraire (et c'était le plus souvent), le bloc ne s'adaptait pas bien, il le déposait dans l'intérieur pour l'utiliser plus tard. Une fois tous les matériaux, ou placés sur le bord de l'ouverture pour la diminuer, ou rentrés dans la coque pour un travail ultérieur furent ainsi distribués, la chenille en vint à une autre manœuvre : tout autour de l'ouverture à réparer, elle tendit des fils en divers sens, ce qu'on aurait pu prendre pour un échafaudage, car les blocs de terre disponibles y furent tour à tour amenés, mais en réalité ces fils devaient faire l'office de ciment. Oui ces fils gommeux tinrent lieu de mortier en ce sens qu'ils lièrent les matériaux mis sur la muraille. Voilà donc déjà deux moyens différents de réparer la brèche : 1º les blocs posés sur ses bords directement sans autre ligature que leur emboîtement; 2º les blocs fixés à leur place par des liens gluants.

Ce n'est pas tout. Jusqu'ici la chenille avait eu la facilité, vu la grandeur de la brèche, de placer sa tête sur le contour du bord et même de s'y mettre à cheval ; mais le trou diminué ne permettait plus d'y faire entrer ni corps ni tête ; elle devait travailler en restant tout entière à l'intérieur. Voyons comment notre artiste s'y prendra.

La chenille sans plus sortir commence par tendre à l'ouverture dans toutes les directions des fils soyeux dont l'ensemble bouchait le trou. Ce bouchon était bien complet, mais il n'était pas solide. Il fallait le fortifier. L'insecte vint donc déposer sur toute sa surface de nouveaux grains de terre ; puis les poussant avec effort à travers les mailles de ce canevas, il les fit arriver successivement vers l'ouverture à clore. Si bien qu'en fin de compte ce n'était plus un bou-

chon de soie mais de pierre qui servit de
clef de voûte et acheva de fermer l'entrée.

L'observateur se dit que cette réparation
avait peut-être été faite par des moyens différents de ceux de la construction première.
Mais non. En brisant de nouveau la coque
sur ce point, il put s'assurer en regardant
à l'intérieur que le travail était le même sur
tous les points. La brèche réparée avait partout la même épaisseur et le même vernis
au dedans; tandis qu'au dehors la soie em-
ployée comme mortier n'était pas plus ap-
parente que sur les autres points; c'est-à-dire
qu'on ne l'apercevait nulle part.

Que de merveilles s'accomplissent ainsi
chaque jour autour de nous, sans que nous
sachions les voir, sans même que nous son-
gions à les examiner!

XIᵉ LETTRE

Cher ami,

Tout aussi bien que l'homme, les chenilles vivent en société. J'aurais pu dire mieux; car elles vivent sans se disputer, sans se battre; au contraire, accomplissant un travail commun. Suivons-les, par exemple, dans la construction de leur nid, tente ou palais, comme il te plaira de nommer leur habitation.

Remarque d'abord cet heureux trait de leur nature : pour elles, travailler et se nourrir n'est qu'une seule et même chose.

La base de leur logement est une feuille; mais cette feuille trop épaisse refuse de se redresser en murailles; cependant une maison ne saurait plus se passer de murs que de plancher. Que vont donc faire nos pauvres ouvrières? Tout simplement manger la moitié de l'épaisseur de la feuille, pour l'assouplir et la redresser. Manger pour ces maçonnes, c'est construire; manger pour ces ébénistes, c'est raboter; en un mot manger, c'est travailler.

Cette feuille, rendue plus souple, devient facile à ployer: les chenilles attachent sur ses bords des brins de soie qui vont se relier au bord opposé; ces fils dirigés dans tous les sens et multipliés à l'infini parviennent à former une toile; la feuille étant courbée, arrondie du côté de la toile, il se trouve un logement entre les deux; le plancher est de verdure, le plafond de soie. A côté de cette pièce s'en construit une seconde, autant qu'il en faut pour la république. Ces chambres communiquent par des portes rondes dont les bords sont renforcés par des épaisseurs de soie pour éviter les déchirures, comme la couturière fortifie de ses points serrés les boutonnières de nos habits.

Ces appartements servent surtout la nuit pour le repos; toutefois les chenilles s'y abritent le jour contre le mauvais temps. D'autres fois, après avoir pris leur repas en ville, c'est-à-dire dehors, elles viennent faire sieste, non dans leurs boudoirs, mais sur les toits; je veux dire au-dessus de leur tente, comme les Orientaux sur leurs terrasses, comme nous sur nos balcons.

Les chenilles passent ainsi des semaines et des mois; ordinairement tout l'hiver et, après leur dernière mue, elles s'envolent au printemps en papillon.

Chez les chenilles, comme chez les hommes, on sait s'épargner des fatigues. Toutes
ne vont pas courir les champs pour manger.
Il en est qui se couchent au bord de leur
tente comme un marin dans son hamac en
ayant soin de laisser dépasser la tête pour la
mettre en contact avec les feuilles qui pen-
dent au-dessus ; si bien que la chenille reste
couchée sur son sofa, et n'a que la peine
d'ouvrir la bouche pour y laisser entrer la
nourriture mise à sa portée. Quel syba-
risme ! Et cependant ce n'est pas tout.

Nos grands seigneurs couvrent de tapis
leurs salons, leurs salles à manger, leurs
chambres, leurs vestibules et même leurs
escaliers ; un appartement ainsi doublé de
laine jusqu'à l'entrée, est le plus conforta-
ble que nous ayons imaginé. La chenille fait
plus et mieux ; d'abord ses tapis sont non
pas de laine, mais de soie ; ils couvrent non-

seulement le plancher, mais le plafond et enfin, pour dernier trait de magnificence, leurs tapis de soie vont jusqu'au dehors de la maison ; ils s'étendent sur les sentiers voisins pour y faciliter la marche et donner une prise douce et régulière aux crochets du pied. Te représentes-tu nos vergers, nos jardins tapissés ? Nous n'en sommes pas encore là. Que de progrès à faire dans notre civilisation pour atteindre la chenille qui ne dévore pas ses frères, qui vit en paix avec ses concitoyens, et qui dort, mange et se promène sur le velours ! J'en suis vraiment humilié.

Il semble d'abord qu'une toile si frêle ne puisse guère parer aux intempéries de l'hiver. Cependant elles y réussissent très-bien ; les fils en sont si nombreux, si parfaitement imperméables, que ni la pluie, ni le vent ne peuvent les traverser. L'arbre peut s'agiter, le nid résiste. Bien mieux ; cet arbre lui-même subira la volonté de l'insecte. Comme sous ces tentes de chenille se rencontrent des *yeux* sur les branches, il est à craindre qu'au printemps sortent de là des bourgeons qui en croissant perceraient la maison. Mais les habitants pleins de prévoyance y mettent bon ordre, et pour empêcher le bourgeon de pousser, les chenilles en rongent et tuent le germe. — Qui leur dit que là devait croître la lance qui percerait leur habitation ?

Ces nids une fois abandonnés par les papillons, leurs vrais propriétaires, deviennent des repaires d'intrus, entre autres d'araignées. Servent-ils à celles-ci de toiles pour prendre leur proie ou simplement de nid pour se cacher ? Je ne sais, mais je sais seulement que l'araignée s'empare parfois de la demeure délaissée par le papillon, et cette usurpation a fait naître une histoire qui mérite d'être contée. Un partisan de la transformation des espèces d'après laquelle l'homme vient du singe, le chien du loup, le lièvre du lapin, ayant trouvé une araignée dans un nid de chenilles, publia triomphalement sa découverte que les papillons pondaient des araignées. Que faudrait-il penser d'un savant parcourant aujourd'hui la Babylonie déserte, qui, après avoir vu sortir un tigre des ruines de Ninive, nous dirait sérieusement : « Les bêtes féroces sont filles de l'humanité, car j'en ai vu séjourner dans des habitations ? »

Si l'on a pu dire l'araignée fille du papillon, tu ne seras pas surpris qu'on ait pris tel moucheron pour le fils d'une chenille ; et cette fois, il faut en convenir, les apparences étaient bien plus propres à faire illusion. En effet, d'un grand nombre de chenilles sortent de petits vers de moucherons, et ces chenilles meurent bientôt après; tandis que d'autres toutes semblables se mettent en chrysalides et finalement donnent des papillons. Vous voyez donc, disait-on, que deux sœurs ont eu pour descendants, l'une un papillon magnifique, l'autre un pauvre moucheron; preuve évidente que les espèces se lient, se confondent.

Un naturaliste observa une chenille de près; il vit une mouche s'en approcher, monter sur elle et lui enfoncer dans le corps un dard porteur d'un œuf qu'il plaçait là comme nous pourrions déposer l'œuf d'une poule dans le nid d'un canard. Seulement ici le nid n'était pas de feuilles mortes, mais de chair vivante; il était chaud, et n'avait pas besoin de couveuse; la mouche donnait sa progéniture à nourrir à la chrysalide du papillon. Cette opération terminée, elle retira

son dard, l'enfonça encore un peu plus loin,
et déposa un nouveau nourrisson. Le naturaliste emporta cette nourrice involontaire,
et au bout d'un certain temps on vit éclore
un, deux, trois, et jusqu'à seize vers vivants
qui filèrent leurs coques, et enfin de ces
coques sortir des moucherons tout autres
que le papillon qu'on devait attendre de la
chenille.

Mais voici le plus curieux; il vit une
autre fois le ver mangeur de chenille, lui-
même mangé par un ver d'espèce différente
qui prenait sa place dans la même chenille;
si bien que nous avons ici l'étrange phéno-
mène de trois insectes emboîtés l'un dans
l'autre, le plus petit dévorant le moyen, le
moyen dévorant le plus grand!

Sans doute il faut une patience à toute
épreuve pour observer de tels faits chez de si
petits êtres; mais si l'être est petit l'observa-

tion n'en est pas moins importante puisqu'elle nous donne une nouvelle raison de nier la transformation des espèces et notre parenté avec la guenon.

XIIe LETTRE

Cher ami,

Les faits rapportés à la fin de ma dernière lettre, ces vers se nourrissant de la substance d'une chrysalide, nous mettent en présence d'un grand mystère. Comment se fait-il que la presque totalité des êtres vivent les uns des autres? Le Créateur n'aurait-il pas pu disposer tout de telle sorte, que chaque anneau de la chaîne animale ne mangeât pas l'anneau suivant? En tous cas, il ne l'a pas fait, et sans doute il avait de bonnes raisons. Voici la supposition

que je trouve dans un auteur anglais,
Buckland. Je te la livre sans prétendre la
juger. D'après ce savant, Dieu aurait tout
disposé en vue d'obtenir ce résultat, qu'il y
eût toujours en ce monde la somme de
vie la plus grande possible; il aurait permis la destruction du faible par le fort,
parce que celui-ci jouissait plus que le premier; et comme, finalement, l'espace est
limité ici-bas, mieux vaut qu'il soit occupé
par des êtres pleins de santé, que par des
créatures souffreteuses qui, respectées par
les autres, n'auraient que le triste avantage de languir plus longtemps.

Cette explication pourrait bien satisfaire
les forts, mais je doute qu'elle convainque
les faibles; bonne pour les mangeurs, elle
ne l'est guère pour les mangés.

Cette raison n'est pas la vraie, dit un
poëte, ami de la belle nature où le murmure

de l'onde, les souffles du zéphir et le chant
des oiseaux charment ses promenades cham-
pêtres. Selon lui, chenilles, moucherons,
vers de terre et papillons, ces êtres n'ont
d'autre fin que de nourrir le rossignol, la
fauvette, le merle et tous les chantres ailés
de la forêt. Il faut à chacun de ces délicieux
musiciens des milliers d'insectes pour éclair-
cir leur voix, et cette voix sonore est desti-
née à charmer nos loisirs.

Ainsi, ces milliers de créatures n'ont
d'autre office que de nous faire de la musique; c'est possible, mais douteux.

Ce n'est pas cela, nous dit un naturaliste,
les insectes sont bien créés pour les oiseaux,
mais les oiseaux ne sont pas faits pour
charmer notre oreille. Leur rôle est celui
de chasseurs; ils purgent nos champs de
ces myriades de vers qui, sans cela, dévo-
reraient nos récoltes. Les oiseaux sont les

aides du jardinier ; avec lui, ils viennent
écheniller. J'ai observé, dit ce professeur
de botanique, que chaque moineau qui a
des petits, entrait vingt fois par heure dans
son nid pour y porter la becquée. Le père
et la mère y venaient tour à tour. Voilà
donc quarante becquées données par heure,
et en supposant que les moineaux en dis-
tribuent pendant douze heures, voilà quatre
cent quatre-vingt becquées par jour, et
dans une semaine trois mille trois cent
soixante ; c'est-à-dire trois mille trois cent
soixante chenilles mangées ! Mais le moineau porte aussi dans son nid des papillons,
ce qui est bien plus que des chenilles ; car
chaque papillon femelle renferme des
masses d'œufs. Donc, bien évidemment, les
oiseaux ont reçu l'ordre de conserver nos
moissons.

Vous n'y êtes pas, dit un dernier, tout

cela n'est vrai qu'en partie ; cette destruction universelle des êtres les uns par les
autres est nécessaire pour maintenir l'équi-
libre entre les différentes créatures. Sans les
moucherons, les chenilles surabonderaient ;
sans les oiseaux, nos grains seraient anéan-
tis, car s'ils en mangent une forte partie,
ils nous en garantissent une infiniment plus
grande. Cette variété d'animaux répond
non-seulement à une variété de rôles et de
besoins, mais de plus, elle empêche chaque
espèce d'envahir le monde entier, ce qui
mettrait fin à notre domination.

Maintenant, cher ami, choisis parmi
toutes ces hypothèses ; quant à moi, je reviens à mon sujet, les ennemis spéciaux des
chenilles et des papillons.

Ils sont nombreux, et je ne puis les énu-
mérer.

Le premier ennemi de la chenille, c'est

l'homme.... Mais peut-être trouves-tu mauvais que je classe l'homme parmi les adversaires de la chenille ; peut-être te dis-tu
que nous avons le droit d'en disposer ?
Tout ce que tu voudras. Il n'en est pas
moins vrai que le persécuteur le plus
acharné des chenilles, c'est le jardinier.
Il les tue par milliers, les unes déjà
écloses, les autres encore dans les œufs. Il
les tue non-seulement pour en garantir son
jardin, mais encore pour les manger... Tu
vas sans doute te récrier encore. Manger
des chenilles ?... Et tu manges bien des
escargots, des huîtres ; est-ce donc beaucoup
plus ragoûtant ? Au reste, je ne veux pas t'y
forcer... je désire seulement t'apprendre
que les Romains, aux plus beaux jours de
leur gourmandise, mangeaient des chenilles
comme un mets des plus délicats, et qu'aujourd'hui encore, les peuplades indigènes

d'Amérique les font cuire et les savourent
dans leur jus.

Le second ennemi de la chenille, c'est la
chenille elle-même. Oui, la chenille mange
la chenille. A la vérité, ce n'est pas l'ordinaire, mais cela s'est vu plus d'une fois.
Vingt de la même espèce avaient été mises
dans un bocal transparent. On s'aperçut
que le nombre diminuait ; on les observa et
l'on découvrit enfin que l'insecte était can-
nibale, qu'il dépeçait son frère. Les plus
faibles avaient été les premières victi-
mes ; mais toutes y passèrent, et la seule
survivante, après avoir englouti sa dernière
compagne, mourut d'indigestion.

Mais l'adversaire le plus redoutable de la
chenille, c'est le plus petit, le plus inno-
cent ; c'est l'œuf du moucheron. Il s'en
trouve jusqu'à soixante et quatre-vingts
dans un seul corps de chrysalide en forma-

tion. Tous ces œufs éclosent, et leurs petits se nourrissent de ce nid vivant ! D'autres vers attaquent la chenille du dehors et la mangent comme nous mangeons un fruit. Tout cela est fort heureux, car si toutes devenaient papillons, l'année suivante nous en serions infestés. On pense que les neuf dixièmes périssent de cette manière ou d'une autre, sans arriver à la forme de papillon.

Enfin, nous l'avons vu, bien des oiseaux ne vivent que d'insectes, et la chenille par eux n'est pas épargnée.

Ne semble-t-il pas que la nature ait livré la chenille en pâture au reste de la création ? Eh bien, non, cette chenille a reçu les moyens de se défendre.

Le premier est bien simple, c'est de se cacher. C'est le plus habituel pour la chenille : il lui est presque imposé par sa faiblesse. Te représentes-tu l'inquiétude d'un petit être qui va s'envelopper d'une coque pendant des mois, et qui restera suspendu par un fil, sans voir ni bouger, exposé au vent, à la pluie, à tous les ennemis qui viendront l'attaquer ? Aussi, comprend-on qu'il cache sa retraite avec le plus grand soin.

Mais avant de se mettre en chrysalide, comment se garer de ses adversaires quand on est encore en chenille errante au pied d'un chêne ou sur la tige d'un rosier ? La chenille se roule en anneau pour donner moins de prise ; une autre, couverte de poils, se met en boule, et devient un petit hérisson ; d'autres se laissent tomber sur le sol ou plutôt simulent une chute en descendant le long d'un brin tiré de leur filière. Tu descends de l'arbre pour ramasser la chenille ; elle est déjà remontée par le même chemin ! D'autres prennent la fuite. Ne ris pas de la fuite d'un colimaçon, car il est une chenille dont la course est si rapide qu'on l'a nommée *le lièvre*. D'autres enfin, plus hardies, essayent de se défendre, prennent leur point d'appui sur la branche en y fixant les anneaux rapprochés de la queue et relèvent fièrement la tête, comme pour avaler l'assaillant ! D'autres enfin, saisies par le milieu du corps, se débattent, se tordent, comme un serpent et manifestent ainsi leur irritation.

L'irritation d'un insecte, cela ne te fait-il pas pitié ? Que penserais-tu donc de son orgueil ? Voici cependant une chenille longue de dix centimètres, d'un beau vert, tachetée comme le léopard, et qui prend une pose de lion ; ou, si tu veux, une pose de sphinx, car tel est son nom. Les crochets de ses jambes postérieures se cramponnent

fortement sur une branche; sa tête se relève
altière, majestueuse, au sommet de la partie
antérieure de son corps elle-même redressée.
Elle semble si fière qu'un employé du Jardin des Plantes en fut presque irrité et la
qualifia d'orgueilleuse.

Une chenille orgueilleuse, n'est-ce pas
étrange? Mais un dindon faisant la roue,
n'est-ce pas tout aussi ridicule? Le paon
étalant sa queue avec fierté, est-il donc moins
risible? Et nous-mêmes, cher ami, nous
tendant la jambe, levant la tête, en sommes-
nous plus aimables, mieux appréciés? L'orgueil va-t-il bien à quelqu'un? Quand je
serai tenté de m'élever, je veux me rappeler que les chenilles se redressent aussi!

XIIIᵉ LETTRE

Cher ami,

Nous avons vu des chenilles se réunir,
former des tentes et passer en société un
temps plus ou moins long. Il en est d'autres
qui font plus et mieux et qui restent en famille durant leur vie entière, à partir même
de l'œuf. On trouve, déposée dans un même
lieu, toute la ponte d'un papillon. Nés sur
ce point unique, ces petits sont naturelle-
ment conduits à bâtir ensemble, à vivre
ensemble, et quand ils sont très-nombreux
à doubler l'étendue de leur maison, plutôt

que de se séparer. Mais reprenons tout cela avec plus de détails.

C'est ordinairement sur le chêne que s'établissent ces familles patriarcales, je dis patriarcales, non-seulement parce qu'elles vivent sous la tente, mais aussi parce qu'on y reconnaît un chef, et surtout à cause du nombre considérable des enfants. C'est le patriarche par excellence, puisque le même papillon pond en une seule fois de six à huit cents œufs.

Éclos, ces œufs donnent donc de six à huit cents chenilles qui restent réunies, filent en commun, mangent à la même table et travaillent dans le même atelier. Leur premier œuvre est la construction d'un édifice qui, bien que vaste, n'est pas facile à découvrir : c'est une bosse appliquée contre le tronc du chêne. On pourrait la prendre pour un nœud de l'arbre, d'abord par sa forme ovale et renflée, ensuite par ses dimensions qui varient de dix à cinquante centimètres, et enfin par leur couleur grise assez semblable à celle des lichens dont les chênes sont parfois recouverts. Ces habitations, faites d'une toile légère, ont cependant plusieurs pouces de hauteur vers le centre. Comment peuvent-elles se soutenir? Point de parois, aucun pilier à l'intérieur. Comment même l'insecte a-t-il pu construire cette haute voûte sans échelle, sans échafaudage, lui, comparativement si petit? Il est à croire que c'est en travaillant du dehors.

Dans cette société de frères règne la plus parfaite égalité. Mais un chef, élu ou non, commande, et tous les autres obéissent. Je suis tenté de croire que ce chef ne tient guère aux honneurs de sa charge, car il l'abandonne volontiers ; chaque jour règne un nouveau roi; peut-être faudrait-il dire un nouveau conducteur pour chaque expédition. Une chenille se met en tête, les autres suivent. Mais l'ordonnance de ces sorties mérite d'être étudiée.

La grande cité n'a qu'une petite ouverture; la chenille en prend la direction et sort; elle avance et s'arrête à deux pieds de l'habitation. Alors, une seconde arrive à son tour et se place à la suite de la première, un troisième survient et prend envers celle-ci une semblable position. Après ces unités, viennent se ranger des couples, puis des groupes de trois, de quatre, de cinq de front, si bien que la procession va toujours s'élargissant. Toutes ces chenilles se touchent. Les têtes de chaque rang joignent les queues du précédent, et le tout forme une masse compacte non interrompue. Ce régiment se meut comme un seul homme... je veux dire comme une seule chenille, car jamais les hommes ne furent si bien unis.

On voit ainsi jusqu'à six ou huit cents soldats formant une phalange triangulaire. Représente-toi un tambour-major seul, puis deux tambours côte à côte, puis trois sapeurs de front, puis quatre officiers, enfin cinq soldats, et tu auras une idée de cet arrangement, avec cette différence que tous les rangs se touchent et que chaque ligne de un, de deux, de trois, est répétée plusieurs fois.

Cette armée si docilement formée, n'obéit pas moins docilement. Quand le chef s'arrête, tous s'arrêtent; quand il marche en ligne droite ou courbée, tous suivent la ligne droite ou courbée, comme un long train de wagons suit dans les rails les sinuosités de la locomotive.

Le but de ces expéditions journalières est

la recherche de la nourriture. Toutefois, on suit la même marche avec le même ordre pour découvrir une nouvelle habitation.

Cette union tellement intime des chenilles d'un même rang se touchant de la tête à la queue, cette union, dis-je, n'est pas même suspendue pendant leur repas. Parvenues sur une même feuille, elles restent collées ensemble et ensemble elles reviendront à la maison. Est-ce prudence ? est-ce amitié ? quelle qu'en soit la cause, cette vie en commun depuis la ponte de l'œuf jusqu'à la transformation finale en papillon, fait plaisir à voir et semble donner une leçon aux... aux..... aux autres papillons.

Cette intimité se manifeste jusque dans le repos. Dans leur gîte la nuit, ou sur une feuille le jour, on trouve encore ces chenilles par petit paquet, toutes placées les unes sur les autres, exactement comme les anchois dans un baril. De la part des anchois, ce n'est pas étonnant, ils sont marinés ! Mais de la part des chenilles vivantes, l'intimité me paraît plus digne d'admiration.

Toutefois, soyons exacts, nous le pouvons du reste, sans faire* tort aux vertus de nos petits insectes. Quand la famille est plus nombreuse que les circonstances de lieu, d'alimentation, ne le permettent, elle se divise en deux; on se sépare pour vivre plus à l'aise, mais on n'en reste pas moins bons amis.

Enfin, on pourrait dire que pour nos chenilles, l'union se montre jusque dans la mort, car bien que la chrysalide vive, bien qu'elle soit le même être transformé ; cependant, la coque dont la chenille s'enveloppe rappelle si parfaitement le tombeau, qu'on est tenté de voir dans la juxtaposition de ces sépulcres vivants le signe d'une affection qui a duré toute la vie. Oui, ces petits êtres qui sont nés dans la même patrie, qui ont vécu sous la même tente, ont marché côte à côte, partagé la même feuille, ces intimes se couchent encore les uns sur les autres pour attendre ensemble leur résurrection ! Elle arrive ; les papillons sortent de ces coques et prennent leur essor vers les cieux !

Cette union dans la vie, cette métamorphose dans la tombe, cet essor vers le ciel, n'éveillent-ils dans ton âme aucunes réflexions ? Si, oui, tu n'as pas besoin de moi pour les poursuivre ; sinon, te les indiquer, serait parler en vain.

XIVᵉ LETTRE

Cher ami,

Ce qui me plaît surtout dans l'étude de
la nature, c'est la concordance de ses diverses parties; l'harmonie entre les lieux,
les plantes, les besoins des êtres; parce que
cette concordance, cette harmonie manifestent la prévision du Créateur. Je comprends,
à la rigueur, qu'on dise : cette graine a pris
racine dans ce terrain parce que le sol s'est
trouvé propre à la développer; j'accorde
qu'on puisse sans déraison penser que tel fruit
nourrit tel être, parce qu'il s'est rencontré
que sa substance végétale convenait à l'es-

tomac organisé; mais lorsque cette appro-
priation, cette convenance se répète à chaque instant sur tous les points du globe,
quand on peut dire qu'il y a, non-seulement
des milliers d'êtres divers qui rencontrent
des milliers de substances en rapport avec
leurs besoins; enfin, quand je vois que dans
chacun tous les organes se correspondent,
de telle sorte qu'il en résulte la vie, la volonté, l'action, je suis bien autorisé à conclure qu'à l'origine de ces milliards d'har-
monies se trouve une intelligence aussi
douée de vie, de volonté et d'action.

Je n'irai pas en chercher des preuves dans
le système solaire, mais simplement dans
un insecte, le papillon.

Prenons les choses dès le principe; par-
tons de l'œuf. Où sera-t-il pondu? Le choix
de l'arbre est-il indifférent? Non, tant s'en
faut. D'abord cet arbre devra donner des

feuilles propres à nourrir le ver; ensuite il importe que ces feuilles naissent en temps opportun ; et si la ponte des œufs s'accomplit plus tôt ou plus tard dans une même espèce, il sera nécessaire que le papillon le plus précoce choisisse aussi entre les divers végétaux qui conviennent à l'alimentation de ses jeunes, celui qui, précoce comme lui, donnera des feuilles le premier. Ainsi l'œuf devra être déposé :

1° *Sur* l'arbre qui fournit la nourriture appropriée aux besoins de la chenille ;

2° *Là* où l'éclosion des feuilles se fait en même temps que celle de l'œuf ;

3° Enfin chaque mère de la *même* espèce devra choisir un arbre différent, selon la date hâtive ou tardive de sa ponte.

Ces trois nécessités sont-elles, en effet, satisfaites ? Oui, exactement. Le papillon cherche, pour y poser ses œufs, précisément l'arbre dont les feuilles conviendront à ses petits naissants. Ne pense pas que ce soit accidentellement, et que le papillon ait fait un choix selon son goût particulier ; que, par exemple, il ponde sur la plante qu'il suce lui-même. Non, loin de là. Tel papillon qui pompe le suc des roses va placer ses œufs sur des choux ! On pourrait encore supposer que les fleurs de ce chou le nourrissent ; mais encore non, car c'est avant la venue de ces fleurs que les œufs sont déposés ; mais la chenille qui naîtra aimera le chou, et cela suffit pour que le papillon ponde sur le végétal qu'il a lui-même en horreur. Connaît-il donc le goût qu'auront ses futurs enfants, lui qui ne l'a pas ? Ou plutôt n'est-il pas évident que cet instinct aveugle lui a été donné par un Créateur prévoyant ?

Cependant, à cette règle générale il est des exceptions. Certains papillons pondent

ailleurs que sur l'arbre propre à nourrir
leurs petits. Oui, mais alors il se trouve que
la chenille nouvellement éclose peut marcher, même se plaît à marcher, et va chercher sa nourriture au loin. Dira-t-on maintenant que les autres chenilles eussent aussi
marché si la nécessité leur en eût été impo-
sée? Non, car l'expérience en a été faite. On
a placé des nichées de chenilles à distance
de l'arbre propre à les nourrir et elles n'ont
pas su s'y rendre d'elles-mêmes; elles sont
mortes de faim! Ce n'est donc pas sans motif que leurs mères avaient déposé leurs
œufs sur l'arbre nourricier. Ainsi l'exception
avait sa raison d'être, et dès lors elle double
la force de la règle.

Ce n'est pas tout. Dans une même espèce
on a vu des papillons pondre sur des arbres
différents. Était-ce au hasard que ce choix
était fait? Non, le motif de préférence se

puisait dans l'époque de la ponte. Tels papillons dont la progéniture pouvait s'accommoder également du rosier et du pêcher ont cependant pris pour nid l'un à l'exclusion de l'autre. Celui qui a pondu quinze jours plus tôt a donné la préférence au rosier, dont les feuilles paraissent avant celles du pêcher, et ainsi chaque couvée s'est trouvée avoir non-seulement une pâture qui lui était appropriée, mais encore une pâture éclose au moment opportun. Je le demande encore, le papillon savait-il que la feuille du rosier pousse avant celle du pêcher? Non, mais le Créateur des deux le savait pour lui.

Enfin ce choix d'une plante plus ou moins hâtive fait par une même espèce de papillon pondant plus tôt ou plus tard, trouve son analogue dans les mœurs de papillons différents. Ce n'est pas tout de naître sur un arbre dont on aime les feuilles, il faut encore que les feuilles s'y trouvent à ce moment. Il faut que l'œuf et le bourgeon s'ouvrent en même temps ; et pour atteindre ce résultat, il a fallu qu'ils fussent constitués tels que le même degré de chaleur fît éclore et l'insecte et la fleur. Délicieuse harmonie entre deux règnes de la nature ! A coup sûr la limace n'y avait pas pensé, ni le hasard non plus.

Mais voici d'autres traits de sagesse de l'insecte qui ne peuvent non plus s'expliquer que par la prévision de son auteur.

Tel papillon dépose son œuf dans un gland ; mais son point d'entrée est toujours sous le calice, et celui de sa sortie hors de ce calice. Comment la chenille a-t-elle deviné qu'en sortant de tel côté, elle rencontrerait moins de matière à creuser et surtout une matière moins dure ? Connaissait-elle la forme extérieure du gland, elle qui n'en était jamais sortie ?

Mais s'il y a eu habileté à éviter le calice du gland pour en sortir, n'y a-t-il pas eu maladresse à choisir ce même calice pour rentrer ? Non, car alors le fruit était jeune, tendre, facile à trouver; et surtout à cette époque, le calice à percer était inévitable, car il enveloppait le gland tout entier.

Voici un dernier fait qui s'accomplit sur un petit théâtre et qui n'en est pas moins important, car la sagesse ne se mesure pas au mètre et ne se pèse pas au kilo; elle est parfois d'autant plus grande que son champ matériel est plus étroit.

C'est dans un simple grain, par exemple le grain d'orge, que se développent certains insectes. Ils y entrent chenilles, et doivent en sortir papillons. Mais ce papillon n'a point de dents. Comment percera-t-il la peau durcie du grain ? La chenille fera ce travail d'avance pour son petit-fils. Avant de se transformer en chrysalide elle coupe à l'intérieur une petite pièce ronde sur la peau, en ayant soin toutefois de la laisser tenir sur un point comme par une charnière. Si bien que le travail est commencé mais non pas achevé; la porte est faite, mais elle reste fermée; il suffira de la pousser légèrement pour l'ouvrir. C'est précisément ce qu'il fallait au papillon édenté!

Je n'en finirais pas si je voulais épuiser ces traits de prévoyance; ceux qui précèdent suffisent pour éveiller ton attention et t'apprendre à chercher partout la sagesse et la bonté d'un tout-puissant Créateur.

Une dernière harmonie.

Je t'écris ces lignes au mois de juin, sur les frontières de l'Italie. Depuis quelques jours j'y ai fait connaissance intime avec le luciole, espèce de papillon. Il ne sort que le soir et vole à la hauteur de mes yeux et me donne un spectacle que j'apprécie plus que toutes les féeries de Paris. Chaque coup de ses ailes est un trait de lumière ; il brille et s'éteint; il se rallume et s'éteint de nouveau. Ce petit flambeau qui se montre et disparaît voyage devant moi tout le long du chemin, comme pour m'éclairer, et afin que sa lumière en soit plus vive, mon luciole s'adjoint des centaines de compagnons. C'est donc une foule d'étincelles vivantes qui cheminent sous mes yeux.

Hier soir j'ai voulu me procurer ce spectacle toute la nuit. J'ai fait la chasse aux lucioles; j'en ai rempli le creux de mes deux mains ; après avoir fait fermer ma porte et mes volets et soufflé ma bougie, j'ai jeté en l'air dans ma chambre cette poignée de petites étoiles. C'était merveilleux ! Des soleils de toutes parts, montant, descendant, éteints et rallumés ; j'avais un firmament mobile, vivant sous ma main.

Mais hélas ! le sommeil fut plus fort chez moi que l'admiration et je m'endormis. Le lendemain je cherchai mes lucioles et je les trouvai toutes mortes sur le tapis ! Pourquoi ? Évidemment parce qu'elles n'avaient pas été faites pour vivre dans une chambre fermée !

Eh bien, cher ami, nous sommes des lucioles emprisonnées dans un monde qui n'est pas notre vraie patrie. Nous voltigeons de toutes parts ; nous nous heurtons à tous les coins sans jamais être satisfaits. Qu'en conclure ? que nous ne sommes pas nés pour rester dans ces lieux pas plus que la chrysalide dans sa coque ; la mort est une fenêtre ouverte sur les cieux.

FIN

HISTOIRES DE LA BIBLE, à l'usage des écoles et des familles, par Barth, trad. de l'allem. par L. Durand, 3e édition, in-12.   1 fr. 50
SCÈNES BIBLIQUES (Patriarchales, Prophétiques, Évangéliques), par N. Roussel, 3 vol. in-12, chaque vol.   2 fr.
L'ÉVANGILE (selon S. Marc) expliqué aux enfants, par N. Roussel, 2 vol. in-12, chaque vol.   2 fr.
COMMENTAIRE sur le Nouveau Testament, par E. Arnaud, 4 vol. in-12.   10 fr.
NOTES EXPLICATIVES et pratiques sur les Actes des Apôtres et l'Épître aux Romains, trad. d'Albert Barnes, publiées par N. Roussel, in-8.   5 fr.
NOTES EXPLICATIVES et pratiques sur les 2 épîtres de saint Paul aux Corinthiens, par le même, in-8.   3 fr.
DICTIONNAIRE des parallèles, concordances et analogies bibliques, par C.-H. Lambert, in-12, broché.   5 fr.
Reliure percaline anglaise.   6 fr.
LA CRÉATION. Lettres d'un père à ses enfants, traduites de l'anglais, par Mme de Witt, née Guizot, in-12, avec 6 gravures sur acier.   4 fr. 50
HISTOIRE POPULAIRE du protestantisme, par M. Baux-Laporte, in-12.   2 fr.
HISTOIRE DE L'ÉGLISE chrétienne, par A. Vulliet, in-12.
                                                                                                         2 fr. 50
HISTOIRE DE L'ÉGLISE chrétienne, par Barth, traduite de l'allemand par Descombaz, in-12.   2 fr.
HISTOIRE des protestants de France, par G. de Félice, in-12.   3 fr.
HISTOIRE SAINTE de l'Ancien et du Nouveau Testament, en gravures, in-12, figures noires.   2 fr. 50
HISTOIRE DE SAINT PAUL, tirée du Nouveau Testament, avec une carte de ses voyages et des notes, par H. Viard, in-12   50 c.
L'ANNÉE ÉVANGÉLIQUE, méditations et prières pour le culte de chaque jour, par L.-F.-F. Gauthey, 2 vol. in-12.   12 fr. (Ouvrage pour les familles, les assemblées de culte et les écoles du Dimanche.)

LECTURE

MÉTHODE de lecture consistant dans la gradation des difficultés, par N. Roussel, 5e édit., in-12.   30 c.
MÉTHODE de lecture avec ou sans épellation, par A. Gresse, in-12.   20 c.
SYLLABAIRE des familles et des salles d'Asile en 24 leçons, par Kilian, in-18, cart.   60 c.
MANUEL GRADUÉ de lecture, à l'usage des mères de famille, par H.-L., in-12.   1 fr.

Le premier Alphabet des enfants en une série de gravures
coloriées, in-8.   1 fr.
Les premiers pas de l'enfance. Nouvel alphabet facile et
amusant, orné de gravures col., in-8.   1 fr. 50
Le premier livre pour les enfants, in-12, avec grav.   50 c.
Mon joli alphabet, in-12 avec grav. coloriées.   1 fr. 25
Le livre des petits enfants, 2 vol. in-12, chaque v.   1 fr. 25
Le Petit enfant, par Mme Armand-Delille, in-18.   75 c.
Lectures pour les enfants, 1re partie, in-18, cart.   60 c.
2e partie, in-18, cart.   70 c.
Manuel de lecture courante et d'instruction préparatoire,
par A. Gresse, in-12, cart.   60 c.
Le lecteur des écoles. Récits familiers pour développer la
moralité des enfants, in-18.   1 fr. 25
Premières lectures françaises, à l'usage des écoles pri-
maires, par J. Wilm, in-12, cart.   80 c.
Lectures pour les enfants de 6 à 10 ans, par J.-F.-D. An-
drié, in-12.   1 fr.
Lectures pour les jeunes gens les plus avancés des écoles,
2e partie, par le même, in-12.   2 fr.
Introduction à la lecture de la Bible, 3e livre de lecture à
l'usage des jeunes gens et des familles, par le même,
2 vol. in-12, chaque vol.   3 fr.
Choix de lectures à l'usage de la jeunesse protestante,
par J. Sabatié. — Prose, 1 vol. in-12.   1 fr. 25
Poésie, 1 vol. in-12.   1 fr.
Choix de lectures, exercices de mémoire, dictées d'orthographe, par A. Gresse, in-12, cart.   1 fr. 50
L'Observatoire et ses Merveilles, deux journées ins-
tructives et amusantes, par A. Hugues, in-12.   3 fr.
Nouvelles scènes du Ministère de l'enfance, trad. de l'an-
glais, par Mme de Witt, née Guizot, 2 vol. in-12.   6 fr.
Le Livre d'Or. Belles actions d'autrefois, trad. de l'anglais,
par Mme de Witt, in-12.   3 fr.
Le Livre d'Or. Belles actions des temps modernes, par le
même, in-12.   3 fr.
A travers le moyen âge, par Mme N. Peyrat, in-12.   3 fr.
Le véritable Ami des enfants et des jeunes gens, par C.
Malan, 4 vol. in-12, avec grav., chaque vol.   1 fr. 50
La Montagne tremblante, par J. Porchat, in-18.   1 fr.
A l'École des fourmis, par N. Roussel, in-12.   1 fr. 50
Les Abeilles, par le même, 1 vol. in-12, avec gr.   1 fr. 50
Les Papillons, par N. Roussel, in-12.   1 fr. 50
Recueil de poésies pour les petits enfants, choisies par
Mme de Witt, née Guizot, in-12.   1 fr. 50
Petites fables pour les enfants de 3 à 6 ans, par Mme Fer-
rier-Gex, in-12, cart.   1 fr. 25

CHOIX DE FABLES et de poésies pour l'enfance, par MM. Naville et Haas, in-12, cart. 2 fr.

SAIS-TU? Oui. — Retiens. Non. — Apprends. Recueil de poésies simples et faciles, par V. Juhlin, in-12, cart. 1 fr.
4 livraisons séparées, chacune. 25 c.

LES ENFANTINES, poésies par L. Tournier. in-18, cart. 1 fr. 50

LES CHANTS de la jeunesse, poésies par L. Tournier, in-18, cartonné. 1 fr. 50

CHOIX DE FABLES et autres pièces de vers, pour les premiers exercices de mémoire et de récitation, par A. Gresse, in-12, cart. 75 c.

CHRESTOMATHIE FRANÇAISE, ou Choix de morceaux tirés des meilleurs écrivains français, par A. Vinet, 3 vol. in-8. 10 fr.

I. Littérature de l'enfance. 3 fr.
II.   »   de l'adolescence. 3 fr.
III.   »   de la jeunesse et de l'âge mûr. 4 fr.

GRAMMAIRE

ÉLÉMENTS de la grammaire française de Lhomond, revus par A. Gresse, in-12. 75 c.

ÉLÉMENTS de la grammaire française à l'usage des écoles, par Mlle Delpech, in-12. 1 fr. 50

ÉTUDES de la grammaire française, par Mlle Delpech, in-12. 2 fr. 50

GRAMMAIRE des commençants divisée en 3 parties : conjugaison, analyse grammaticale et orthographe de principes avec des exercices, par P. A. Clouzet, in-12. 75 c.

AIDE-MÉMOIRE d'orthographe de principes, ou recueil de règles formulées brièvement, faciles à retenir, etc., par le même, in-32. 75 c.

RECUEIL DE MOTS français par ordre de matières avec des notes sur les locutions vicieuses, des règles d'orthographe et des exercices, par Pautex, in-8. 1 fr. 50
Le même. Abrégé, in-12. 30 c.

LE CONJUGATEUR à tableaux mobiles avec radicales rouges. Nouvelle méthode de conjugaison pratique, facile et sûre, par James Willoughby, in-8. 1 fr. 25

DICTIONNAIRE DES RACINES et dérivés de la langue française dans lequel on trouve tous les mots distribués par familles, d'après la similitude de consonnance et de signification, et chaque famille rangée dans l'ordre abécédaire de la racine dont elle dépend pour la facilité de l'étude et de l'enseignement, par Charassin et François, in-8. 12 fr.

(Grammaires, par Noël et Chapsal, Larousse, Poitevin, etc. Dictionnaires.)

Méthode d'écriture graduée, simplifiée et complète, par
A. Manier, oblong.   2 fr.

ARITHMÉTIQUE

10,000 Exercices de composition et de décomposition des
nombres, par H. Witt et Braeunig, instituteurs, 1re série:
nombres 1 à 100, in-18, cart.   75 c.
2e série, in-18, cart.   75 c.
(Cet ouvrage a obtenu une mention honorable de la Société pour l'Instruction élémentaire.)
Petite arithmétique pratique et raisonnée à l'usage des
écoles primaires, par A. Gresse, in-12, cart.   75 c.
Cours d'arithmétique et de calcul littéral à l'usage des
écoles normales primaires, par F. P. Amey, in-8.
                                                          5 fr.

HISTOIRE

Histoire de France à l'usage de la jeunesse, par J. Por-
chat, in-18.   1 fr. 25
Histoire de France à l'usage des écoles protestantes, par
Mme B.–D., in-12, avec 3 cartes coloriées.   3 fr.
Histoire de France depuis l'origine jusqu'à nos jours, par
Emile de Bonnechose, 14e édit. 2 vol. in-12.   5 fr.
Le même. Abrégé facile. in-18, cart.   75 c.
Esquisse d'une histoire universelle, envisagée au point de
vue chrétien, par A. Vulliet, 3 vol. in-12.
Histoire ancienne.   3 fr.
    »   du moyen âge.   3 fr.
    »   moderne.   3 fr.

GÉOGRAPHIE

Petite géographie des écoles. Ouvrage sur un plan tout
nouveau, par A. Gresse, in-12, cart.   40 c.
Atlas de la petite géographie des écoles composé de
7 cartes, par A. Gresse, in-12, cart.   60 c.
Les deux ouvrages réunis.   90 c.
Le même, avec notice départementale.   1 fr.
Abrégé de géographie physique à l'usage des écoles et
des familles, par A. Vulliet, nouv. édit. in-12, cart.
                                                          80 c.
Abrégé de géographie politique à l'usage des écoles et
des familles, in-12, cart.   80 c.
Nouvelle géographie physique ornée d'un grand nombre
de gravures intercalées dans le texte, par A. Vulliet,
2 vol. in-12. Chaque vol.   3 fr. 50

ESQUISSE d'une nouvelle géographie de la France, 1re partie : Géographie physique. 2e partie : Géographie historique, politique et industrielle, par A. Vulliet, in-12.
2 fr. 50

LECTURES HISTORIQUES par C. Raffy, professeur d'histoire :
Histoire ancienne : Histoire sainte, Orient. 1 vol. in-12.
2 fr.
»   »   Rome.   1 vol. in-12.
3 fr.
»   »   Grèce.   1 vol. in-12.
2 fr. 50
Histoire moderne : France et moyen âge (395-1328). 1 vol. in-12.
2 fr. 50
»   France moyen âge et temps modernes (1328-1648). 1 vol. in-12
3 fr.
»   France et temps modernes (1648-1815). 1 vol. in-12.
3 fr. 50
Histoire contemporaine, de 1815 à nos jours. 1 vol. in-12.
3 fr. 50
SIMPLES RÉCITS tirés de l'histoire de France, suivis de la géographie de la France. Année préparatoire. 1 vol. in-12.
2 fr. 50
GRANDS FAITS DE L'HISTOIRE ancienne et de l'histoire générale du moyen âge. 1re année. 1 vol. in-12.   2 fr. 50
GRANDS FAITS DE L'HISTOIRE de France et de l'histoire moderne. 2e année. 1 vol. in-12.   2 fr. 50
GRANDS FAITS DE L'HISTOIRE de France et de l'histoire générale depuis 1789. 3e année. 1 vol. in-12.   2 fr. 50
LECTURES GÉOGRAPHIQUES. 5 vol. in-12, chaque vol.   3 fr.
Ces ouvrages sont en usage dans les lycées.
HISTOIRE UNIVERSELLE de la Pédagogie, par Jules Paroz, 1 vol. in-12.   4 fr.

CHANT

SOLFÈGE des commençants, par G. Kuhn, in-8, cart.
1 fr. 25
RECUEIL DE MORCEAUX de chant avec théorie, à l'usage des salles d'asile et des écoles, par Wenning, in-8.   1 fr. 75
CHANTS DES SALLES d'asile comprenant des cantiques et des chansons avec les airs notés, par Mme Jules Mallet, in-8.
1 fr. 50
RÉPERTOIRE MUSICAL pour les écoles, par L. Kurz, professeur de musique à Neuchâtel :
1er vol. Chants faciles à 1, 2 et 3 voix, in-12.   2 fr.
2e vol. Chants pour 2, 3 et 4 voix égales, in-12.   2 fr. 50
3e vol. Chants pour 4 voix mixtes, in-12.   3 fr. 50

LES PREMIERS CHANTS, par C. Malan, in-18.   3 fr. 50
CANTIQUES, à l'usage des Écoles du dimanche et des assem-
    blées de culte, in-18. Musique ordinaire.   60 c.
                    Musique chiffrée.   60 c.
RECUEIL DE CHANTS des unions chrétiennes de jeunes
    gens, in-12.   1 fr. 75
RECUEIL DE MORCEAUX de chants à une, deux et trois voix,
    paroles de M. Delcasso, musique choisie et arrangée
    par M. Gross, 2 parties. in-12. Chaque partie,   75 c.
CHŒURS ET CANTIQUES, mis en musique par A. Bost, in-4°.
                                                    5 fr.
CHANTS CHRÉTIENS, musique à 4 parties, in-8.   3 fr.
    Le même, voix de femmes, in-32.   1 fr. 50
    »   voix d'hommes, in-32.   1 fr. 50
    »   sans musique, in-12.   1 fr.

————

RECUEIL DE PSAUMES et cantiques, à l'usage des Églises ré-
    formées de France, in-12.
    broché, sans supplément. 2 fr. 50 avec supplément. 3 fr. 50
    dos perc.   »   3   25   »   4   25
    toile.   »   3   75   »   4   75
    toile dorée.   »   4   50   »   5   50
    1/2 ch. doré.   »   5   » »   »   6   » »
    chagrin.   »   8   50   »   9   50
Le même, in-32, mélodie.
    broché, sans supplément. 2 fr. 25 avec supplément. 3 fr. 25
    dos perc.   »   2   50   »   3   75
    toile.   »   3   25   »   4   25
    toile dorée.   »   4   » »   »   5   » »
    1/2 ch. doré.   »   4   25   »   5   25
    chag.   »   5   25   »   6   25
Le même, in-18, musique à tous les versets, avec supplé-
        ment.
    broché.   4 fr. » »
    dos percaline.   4   50
    toile dorée,   5   50
    1/2 chagrin doré.   6   » »
    chagrin.   8   50
Le même, in-18, sans musique.
    broché, sans supplément. 1 fr. 25 avec supplément. 1 fr. 50
    dos perc.   »   1   75   »   2   » »
    toile.   »   2   » »   »   2   50
    1/2 ch. doré.   »   3   50   »   4   » »
    chagrin.   »   5   25   »   5   75
PSAUMES DE DAVID, in-24. Musique à tous les versets.
    basane.   3 fr.

basane dorée.   3 fr. 50
chagrin doré.   7 fr.
Le même, in-32, musique au 1er verset.
basane.   2 fr. 50
basane dorée.   3 fr.
chagrin.   5 fr.
Le même, in-48, toile.   2 fr.
1/2 ch. doré.   3 fr.
chagrin doré.   5 fr.
Le Livre d'Orgue, à l'usage des églises et des familles,
  contenant tous les airs du Recueil des Psaumes et cantiques pour les Églises réformées, par Th. Stern, 1 vol.
  in-4 oblong, broché.   15 fr.

RECUEIL DE CHANTS POUR TOUTES LES ÉGLISES PROTESTANTES.
RELIURES EN TOUS GENRES.

———

Abric-Escontre (Mme). Les Channing, par Mrs. Vood, tra-
  duit de l'anglais, 2 vol. in-12.   6   »
—— Les femmes de la Réformation. Suisse, France, Italie,
  in-12.   3   »
—— Les femmes de la Réformation. Allemagne, Hollande,
  Espagne, in-12.   3   »
—— Les femmes de la Réformation. Angleterre, Écosse,
  in-12.   3   »
Beck-Bernard (Mme Lina). Le Rio Parana. Cinq années de
  séjour dans la république Argentine, 1 vol. in-12. 3   »
Bérard (S.). Alice Favre ou beaucoup d'ombres et encore
  plus de lumière, in-12 avec 8 grav.   2 50
Bischoff (Ottobald). Le Moulin de Bosquet, histoire morale
  et populaire, in-18.   1   »
Bonnet (Jules). Aonio Paleario. Étude sur la Réforme en
  Italie, in-12.   3   »
—— Olympia Morata. Épisode de la renaissance en Italie,
  in-12.   3   »
—— Récits du xvie siècle, 1 vol. in-12.   3 50
Bremer (Mlle). Les Voisins, in-16.   3 50
—— Le Foyer domestique, in-16.   3 50
Brown (John.) Rab et ses amis, traduit de l'angl. par
  C. B. Derosne, 1 vol. gr. in-8, orné de sept belles grav.
  sur acier, reliure anglaise.   5   »
Bungener (F.). Un sermon sous Louis XIV, suiv. de *Deux
  soirées à l'hôtel Rambouillet*, in-12.   3 50
—— Trois sermons sous Louis XV, 3 vol. in-12.   7 50
Cazalet. Esquisses littéraires et morales, in-12.   4   »
Emilia Wyndham, trad. de l'anglais, in-12.   5   »
Fille (la) du Comte, trad. de l'anglais, 2 vol. in-12. 5   »

Gaskell (Mme). Nos femmes et nos filles (dernier ouvrage de
  Mme Gaskell), trad. de l'angl., 2 vol. in-12.   7 »
Gatty. Le Songe de Melchior et autres histoires pour la
  jeunesse, trad. de l'angl. in-12.   3 »
Gotthelf (J.). Anne-Babi, 2 vol. in-12.   6 »
—— Les Joies et Souffrances d'un maître d'école, trad. de
  l'allemand et précédé d'une notice biographique sur l'au-
  teur, par Max Buchon, 2 vol. in-12.   3 50
—— Ulric le valet de ferme. Nouvelle édition, in-12. 3 »
—— L'âme et l'argent, in-12.   2 »
Janin. Fulton, Georges et Robert Stephenson, ou les Bateaux
  à vapeur et les Chemins de fer, 1 vol. in-12.   3 50
Janin (H.). Charité Helstone, trad. de l'anglais, in-12. 2 25
—— La Famille Halliburton, trad. de l'anglais, 2 vol.
  in-12.   5 »
Kennedy (Miss Grace). Dunallan, ou, Ne jugez pas sans
  connaître, 2 vol. in-12.   5 »
Lamy. Quelques héros des luttes religieuses aux XVIe et
  XVIIe siècles (Bernard Palissy, Milton, Henri Arnaud et
  les Vaudois), in-12.   2 50
Levray (Alph.). Emilia ou le Legs d'une Mère, in-12. 1 50
Long (Mme). Emma, ou la Prière d'une Mère, in-12. 1 50
Long (Catherine). Sir Roland Ahston. Histoire contempo-
  raine traduite librement de l'angl., in-12.   3 50
Mac-Intosh. Le fond et la forme, trad. de l'anglais,
  in-12.   2 50
Marryat (le capitaine). Le Petit Sauvage, trad. de l'angl.
  2 vol. in-12.   3 50
May (E.-J.). Les Heures d'école du jeune Louis, in-12. 3 50
—— Le Prieuré de Dashwood, in-12.   3 50
—— Saxelfort, in-12.   3 50
—— La Vieille Houillère, in-12.   3 »
Mulock (Miss). John Halifax, gentleman, traduit de l'angl.
  par Amédée Pichot, 2 vol. in-12.   6 »
—— Une exception (A noble Life) trad. de l'anglais,
  in-12.   3 »
—— La Méprise de Christine, in-12.   3 »
—— Un Héros, trad. de l'angl. par Mme Dionis, in-12. 2 »
—— Une héroïne, traduit de l'anglais par Mme Dionis,
  in-12.   2 »
—— Aide-toi, le ciel t'aidera. Cola Monti, traduit de l'angl.
  par Mme Dionis, in-12.   2 »
—— Le mari d'Agathe, trad. de l'ang., in-12.   3 »
Muret (Th.). Histoire de Jeanne d'Albret, reine de Navarre,
  précédée d'une étude sur Marguerite de Valois, sa mère,
  in-12.   4 »
Nathusius (Maria). Histoire de deux familles Langenstein et
  Boblingen, trad. de l'allemand, in-12.   3 »

PASCAL (C.). Abraham Lincoln, sa vie, son caractère, son administration, in-12. 2 »

PELET DE LA LOZÈRE (le comte). La Fayette en Amérique et en France, in-12. 2 »

PETITE MAY, ou Comment serais-je utile ? traduit de l'angl., in-18. 1 »

PORCHAT (Jacques). Récits et tableaux de la vie souabe par Mme Ottilie Wildermuth, in-12. 2 50

PUAUX. La Voix de Jérusalem, in-12. 3 50

RILLIET DE CONSTANT (Mlle). Chroniques de la famille Schönberg-Cotta. Traduit de l'angl., 2 vol. in-12. 6 »

ROUSSEL (Napoléon). A mes grands enfants, in-12. 1 50

— — A mes petits enfants, in-12. 1 50

SHERWOOD (Mme). Histoire de la famille Fairchild, traduit de l'anglais et précédé d'une préface par A. Rochat, 3 vol. in-12. Prix. 8 »

— — Histoire de Lucie Clare, traduit de l'anglais, in-12. » 75

STOWE (Mme Beecher). Les Petits Renards ou les Petites Fautes qui troublent le bonheur domestique, traduit de l'angl. par Fanny Duval, in-12. 2 »

Vie (la) de Village en Angleterre, ou Souvenirs d'un Exilé, par l'auteur de *la Vie de Channing*, in-12. 3 50

WETHEREL (Elisabeth). Le Monde, le vaste monde, trad. de l'angl., in-12. 3 »

— — Quéechy, trad. de l'angl., 2 vol. in-12. 4 »

— — Melbourne, trad. de l'angl., 2 vol. in-12. 5 »

WITT (Mme Cornélis de). Le bon vieux Temps, ou les premiers protestants en Auvergne, traduit de l'anglais, in-12. 2 50

— — Un Missionnaire à la ville et dans les champs, par l'auteur des *Tribulations de Mme Palissy*, traduit de l'anglais, 1 vol. in-12. 2 50

YONGE (Miss). La Chaîne de Marguerites, traduit de l'angl. par Mlle Rilliet de Constant, 2 vol. in-12. 6 »

— — Le Procès. Nouveaux anneaux de la Chaîne de Marguerites, 2 vol. in-12. 6 »

— — L'héritier de Redcliffe, traduit de l'anglais, 2 vol. in-12. Prix. 6 »

— — La Colombe dans le nid de l'aigle, trad. de l'anglais, in-12. 3 50

— — Le Souhait d'Henriette, ou l'esprit de domination, in-12. Prix. 3 »

— — Violette (en anglais *Heartsease*), trad. de l'angl., 2 vol. in-12. 6 »

— — Le Collier de Perles, trad. de l'anglais par Mme de Witt, née Guizot, 2 vol. in-12. 6 »

La Librairie Grassart publie chaque année un catalogue spécial des ouvrages pour distributions de prix et encouragements dans les écoles protestantes. Elle a en magasin une collection de près de 500 ouvrages bien choisis, reliés en percaline rouge, titre doré sur le plat, ou cartonnés avec couverture gaufrée or, du prix de 30 c. à 5 fr. l'exemplaire. Le catalogue paraît chaque année vers fin mai et est envoyé à toute personne qui en fait la demande franco.

Exposition Universelle. Paris 1867. — *La Librairie Grassart* a obtenu une mention honorable pour ses publications à l'usage des écoles et des familles protestantes. Elle a toujours en magasin un grand choix de volumes en tous genres, bien reliés, pour cadeaux et pour étrennes.

La Librairie Grassart tient un grand assortiment des publications de la Société des traités religieux de Londres, livres et traités; plus particulièrement livres pour la jeunesse. Par des arrangements pris avec ladite Société, ces publications se vendent à Paris au même prix qu'à Londres. La remise d'usage est accordée à MM. les Pasteurs, Instituteurs et Libraires.

Le Catalogue de cette Société est envoyé *franco* à toutes les personnes qui en font la demande.

Outre les ouvrages de la Société, *la Librairie Grassart* se charge de procurer *toutes les publications anglaises.* Un envoi de Londres lui arrive au commencement de chaque mois. Les demandes qui lui parviennent avant le 27 sont remplies au commencement du mois suivant.

Avis. — *La Librairie Grassart* se charge de faire exécuter tous les travaux typographiques de librairie. Par ses rapports avec les meilleures imprimeries de Paris et des environs, et par sa position au centre du quartier le plus riche et le plus commerçant, elle offre aux auteurs le double avantage de publier leurs ouvrages avec une véritable économie, et d'en faire la vente dans les meilleures conditions.

Abonnements à tous les journaux religieux, politiques et littéraires, français et étrangers.

La Librairie Grassart procure, aux mêmes prix que les éditeurs, les livres classiques et autres qui ne sont pas de son fonds.

Imprimerie L. Toinon et Cie, à Saint-Germain.

GRASSART, LIBRAIRE ÉDITEUR

2, RUE DE LA PAIX, 2

Roussel (Napoléon). *A l'École des fourmis*, in-12............ 1 f. 50

— *Les Abeilles*, avec de nombreuses gravures, in-12............ 1 f. 50

— *Les Oiseaux*, avec 6 gravures coloriées, in-12, reliure toile...... 3 f.

— *Les Animaux*, 6 gravures coloriées, in-12, relié.................. 3 f.

— *Les Champs*, 6 gravures coloriées, in-12 relié................... 3 f.

— *La Bible*, 6 gravures coloriées, in-12, relié................... 3 f.

— *L'Évangile expliqué aux petits*, 2 volumes in-12, 18 gravures. Chaque volume.......................... 2 f.

— *Prières d'un enfant*, in-18. 0 f. 50

— *L'Illustration de la jeunesse*, grand in-8, 60 gravures................ 2 f.

— *A mes petits enfants*, in-12. 1 f. 50

— *A mes grands enfants*, in-12, 1 f. 50

Petite May, ou comment serais-je utile? Traduit de l'anglais, in-18. 1 f.

Puaux (Mlle). *Ce que disent les fleurs*, in-12........................ 1 f.

— *Le petit château*, in-12.... 1 f. 25

Malan (César). *Le véritable ami des enfants et des jeunes gens*, 4 vol. in-12, 16 gravures sur acier.... 6 f.

Lamy (Victor). *Quelques héros des luttes religieuses aux XVIe et XVIIe siècles*, in-12................ 2 50

Marryat. *Le petit sauvage*, 2 vol. in-12.......................... 3 f. 50

Vouge. *La chaîne de Marguerites*, traduit de l'anglais, 2 vol. in-12. 6 f.

Muloch (Miss). *Un héros*, traduit de l'anglais par Mme Dumas, in-12. 2 fr.

— *Une héroïne*, in-12.......... 2 fr.

— *Aide-toi, le ciel t'aidera*, — *Cela Mouti*, in-12................ 2 fr.

Witt, née Guizot (Mme de). *Le Livre d'or, Belles actions d'autrefois*, in-12................................ 3 f.

— *Le Livre d'or, Belles actions des temps modernes*, in-12......... 3 f.

— *Scènes d'histoire et de famille*, XVIe, XVIIe et XVIIIe siècles, in-12..... 3 f.

— *L'Histoire sainte racontée aux enfants*, in-12................ 3 f. 50

— *La Création. Lettres d'un père à ses enfants*, in-12, 6 grav........ 4 f. 50

H. D. *Histoire de France à l'usage des écoles protestantes*, in-12, avec 3 cartes coloriées..................... 3 f.

Juhlin (V.). *Sais-tu? Oui*, — *Retiens Non*, — *Apprends. Recueil de poésies simples et faciles*, etc., in-12.... 1 f.

Tournier (L.). *Les Enfantines*, poésies, in-18.................... 1 f. 50

— *Les chants de la jeunesse*, poésies, in-18..................... 1 f. 50

Subatté (Jean). *Choix de lectures à l'usage de la jeunesse protestante*.
    Prose, in-12.............. 1 f. 25
    Poésie, in-12.............. 1 f.

Ferrier Gex (Mme). *Petites Fables pour les enfants de trois à six ans*, in-12........................ 1 f. 25

Porchat (Jacques). *Fables et paraboles*, in-12.................... 3 f.

— *Histoire de France, à l'usage de la jeunesse*, in-18.............. 1 f. 25

Charlesworth. *Le ministère de l'enfance*, ou les jeunes messagers de miséricorde, traduit de l'anglais, in-12............................ 1 f. 75

— *Ministère de l'enfance* (nouvelles scènes du), traduit de l'anglais par Mme de Witt, née Guizot, 2 volumes in-12.......................... 6 f.

Hugues (A.). *L'Observatoire et ses merveilles*, in-12............. 3 f.

Imp. L. Toinon et Cie, à Saint-Germain.